Procreate Dreams
动画设计与制作完全解析

安亚类 著

北京大学出版社
PEKING UNIVERSITY PRESS

内容提要

　　本书共分为 6 章,首先,介绍了 Procreate Dreams 动画软件的操作和应用,包含软件界面的介绍、时间轴的编辑、轨道内容的添加与创建、关键帧动画与逐帧动画的制作,以及完整的手势操作。其次,带你认识二维动画的基本原理,包含逐帧动画、运动规律以及动态张力。然后,分享了剧本创作的要点,包含剧本的认知、三幕式结构的应用、戏剧和冲突的表现。接着,探究了美术设定的重要性,包括角色设计、场景设定、镜头语言、故事板分镜的创作技巧等。再接着,通过一个原创二维动画案例,深入解析了二维动画制作的过程和技巧,并提供了案例练习。最后,分享了个人关于想象力的训练方法。

　　本书旨在为初次接触二维动画的爱好者提供较为完整的动画创作指南,帮助读者掌握 Procreate Dreams 软件,理解二维动画的原理,提升剧本创作和美术设定的能力,并通过动画案例激发创作热情。

图书在版编目(CIP)数据

Procreate Dreams 动画设计与制作完全解析 / 安亚类著 . —北京:北京大学出版社,2024.
8. —ISBN 978-7-301-35304-2

Ⅰ . TP391.414

中国国家版本馆 CIP 数据核字第 20247WH060 号

书　　　　名	Procreate Dreams 动画设计与制作完全解析	
	PROCREATE DREAMS DONGHUA SHEJI YU ZHIZUO WANQUAN JIEXI	
著作责任者	安亚类　著	
责任编辑	刘　云　吴秀川	
标准书号	ISBN 978-7-301-35304-2	
出版发行	北京大学出版社	
地　　　址	北京市海淀区成府路 205 号　100871	
网　　　址	http://www.pup.cn　新浪微博:@ 北京大学出版社	
电子邮箱	编辑部 pup7@pup.cn　总编室 zpup@pup.cn	
电　　　话	邮购部 010-62752015　发行部 010-62750672　编辑部 010-62570390	
印刷者	北京宏伟双华印刷有限公司	
经销者	新华书店	
	787 毫米 ×1092 毫米　16 开本　10.5 印张　280 千字	
	2024 年 8 月第 1 版　2024 年 8 月第 1 次印刷	
印　　　数	1-4000 册	
定　　　价	79.00 元	

　　1907 年，一个 7 岁的小男孩拿起画笔开始在绘画本上涂鸦，谁也不曾想到，这个小男孩在未来会对动画艺术产生深远的影响，这个男孩就是传奇动画大师华特·迪士尼，也正是迪士尼影业的创始人。这位充满创新精神的动画大师，创造了米老鼠这个深受几代人喜爱的动画角色，而我对动画的热爱也深受其影响。

　　当然，本书是讲述 Procreate Dreams 动画软件的书籍，该软件的创新同样给动画后期制作带来了积极的影响，它简化了动画制作的复杂过程。所以我将以这个优秀的动画软件为载体，讲述二维动画制作的整个流程。从软件应用到剧本构思再到最后的制作，带你体验一次全新的动画之旅。

　　按照惯例，我应该先介绍下自己。从 2005 年毕业后，我便开始从事跟美术专业相关的工作：从设计到摄影，从插画到动画。其实在生活中，如果和几个陌生人围桌而坐，侃侃而谈，我便会像大多数"社恐"人士那般感到紧张不安，因为我很难从自己那并不鲜亮的背景中找出亮点，也很难从并不骄傲的履历中找出话题，唯一自我感觉良好的部分，就是从小对艺术创作这件事有着源源不断的热情，但这些通常是无聊且能轻易终结讨论的话题，所以生活中，我大致是个沉默的人。

　　但在一张铺着画纸和放着铅笔的书桌前，我便会按捺不住地和纸张铅笔交流，我们总能找到合适的话题，从日出聊到日落，从宇宙聊到尘埃，偶尔也会有些不同的观点，但橡皮擦总能在恰当时机加入进来发表它的意见。我们几乎无所不谈，所以某些时刻，我仍然是个开朗活泼的人。

　　当然，在我沉闷的生活中，也有一位无话不谈的朋友。我们在工作中相识，在创作中相知，而这本书中的部分内容也正是与他一起完成的。他叫张水银，是一位有着十几年工作经验的动画人，我们一同创作了这本书中的动画案例。至于写下这本书的缘由，其实是因为和出版社编辑的一次交流。起初我们交流的主题是，为我的第一本书籍（《Procreate 神奇画法》）做最后的样章修改，但随着我们讨论的焦点落在了即将上市的 Procreate Dreams 动画软件上时，我们便默契地达成了重新调整选题的决定。而正巧隔天收到了来自 Procreate Dreams 软件官方的内测邀请，于是我再次和官方表达了我们计划为新软件写书的热情。随着巧合、默契、热情和期许，便有了写下这本书的决心。

我相信这本书对你来说不会有太多晦涩难懂的专业术语，更多的是易于理解的经验之谈。与其深究那些复杂的规则和术语，我更希望你能像《料理鼠王》中充满天赋的 Remy 那样，藏进 Procreate Dreams 这顶帽子里，保持对创作的本真，和我一同完成这场动画之旅。

本书附赠相关学习资源，读者可以扫描下方二维码关注"博雅读书社"微信公众号，输入本书 77 页的资源下载码，即可获得下载学习资源。

博雅读书社

1

第 1 章

Procreate Dreams 动画设计
与制作入门

认识新伙伴 Procreate Dreams

在我们开启动画之旅前，我们需要认识下这次旅程中的重要伙伴：Procreate Dreams。这位伙伴将在这趟旅程中一直伴随你左右。或许你对 Procreate Dreams 还不太了解，但 Procreate 你一定十分熟悉。没错，就是那款专为 iPad 设计并拥有多项创新的优秀绘画软件。2023 年，官方推出了 Procreate Dreams 这款优秀的动画软件。Procreate Dreams 的出现再次向我们证明了创新的强大力量，它将在动画制作领域树起一个新的里程碑。

如果你已经将安装好 Procreate Dreams 的 iPad 摆在了本书的旁边，那接下来请跟随我正式开始吧。但如果你还没来得及购买 iPad 和 Procreate Dreams，那么你同样可以通过本书来学习如何使用它。Procreate Dreams 提供了极具亲和力的界面，无论你是萌新小白还是专业动画师都能够快速上手，丰富的交互手势能让你对动画制作好感倍增，而创新的演出实录更是为动画制作开拓了更直观的维度。

极简的界面

相较于传统动画软件的复杂界面，Procreate Dreams 的界面则更为简洁。它由 3 个部分组成：剧场①、舞台②、时间轴③。

你可以先在剧场中创建你的第一个动画项目，然后进入舞台中绘制你的动画角色，再通过时间轴为你的角色设计关键帧。

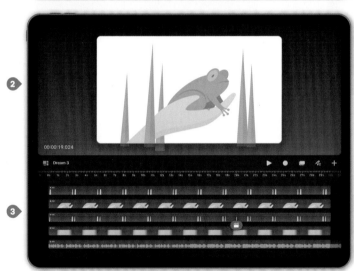

对 iPad 的要求

在开始前，我们先来了解下软硬件。Procreate Dreams 支持所有能够运行 iPadOS 16 的 iPad。视频轨道在你的时间轴上存放高分辨率的视频内容，你可以将它们与其他内容轨道进行组合，从而将视频与图像、绘图动画和音频相结合，得到一个优秀的作品。这里整理了一些参数，可以让你更清晰地选择合适的 iPad 硬件设备。

iPad（第 5/6/7 代）：支持 50 个内容轨道和 1 个高达 1080p 的视频轨道。

iPad（第 8/9/10 代）：支持 100 个内容轨道和 1 个高达 4K 的视频轨道。

iPadAir（第 3/4 代）：支持 100 个内容轨道和 1 个高达 4K 的视频轨道。

iPadAir（第 5 代）：支持 200 个内容轨道和 2 个高达 4K 的视频轨道。

iPadmini（第 5 代）：支持 100 个内容轨道和 1 个高达 4K 的视频轨道。

iPadmin（第 6 代）：支持 200 个内容轨道和 1 个高达 4K 的视频轨道。

iPadPro11 英寸（第 1 代）/iPadPro12.9 英寸（第 3 代）：支持 200 个内容轨道和 1 个高达 4K 的视频轨道。

iPadPro10.5 英寸 /iPadPro9.7 英寸 /iPadPro12.9 英寸（第 1/2 代）：支持 50 个内容轨道和 1 个高达 1080p 的视频轨道。

iPadPro11 英寸（第 2 代）/iPadPro12.9 英寸（第 4 代）：支持 200 个内容轨道和 1 个高达 4K 的视频轨道。

iPadPro11 英寸（第 3 代）/iPadPro12.9 英寸（第 5 代）：支持 200 个内容轨道和 2 个高达 4K 的视频轨道。

iPadPro11 英寸（第 4 代）/iPadPro12.9 英寸（第 6 代）：支持 200 个内容轨道和 4 个高达 4K 的视频轨道。

以上参数可供你在选购 iPad 时参考。你可以根据参数来选择适合的设备，或者查看自己已有的 iPad 设备支持哪些参数。

1.1 剧场

1.1.1 创建按钮

首次打开 Procreate Dreams，会直接进入剧场界面。剧场包含所有动画项目，界面中有创建①、选择②和侧边栏③ 3 个主要功能。

开始前你可以轻点创建按钮"+"①进入"创建新影片"界面。

Procreate Dreams 提供了 5 种常用的影片规格，你可以通过上下滑动进行选择。如果你想制作在 YouTube、bilibili 上播放的动画作品，那么可以选择 16:9 的宽屏比例；如果你打算将制作的动画作品投放至抖音、小红书等社交平台，则选择 9:16 的竖屏比例更为合适。

在确定屏比后，你可以通过轻点右上角的"···"按钮，对帧数和时长进行自定义设置，默认帧数是 24FPS，也就是常见的电影帧数。帧数是指每秒钟播放多少张画面，帧数越高，画面相对会越流畅。通常动画的帧数设置在 12 或 15FPS 就足够了。（关于动画知识，我会在后面的动画原理章节进行详细介绍。）

接着通过轻点"4K"图标选择适合的分辨率。Procreate Dreams 内置了 4 种常见的分辨率尺寸。

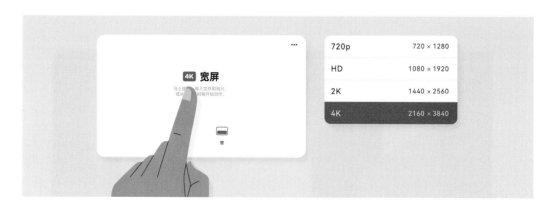

其中的 720p 和 HD 就是常说的标清和超清尺寸，分辨率越高，画面会越清晰。这里你可以结合自己的设备配置以及要求来选择相应的尺寸（默认为 4K 分辨率）。当然，我们在后续的制作中也可以随时在属性（时间轴小节中会介绍如何操作）中对分辨率、帧速率及时长进行调整。

选定所有参数之后，你可以通过"绘图"和"空"两种方式进入创作界面。

轻点"绘图"按钮可以快速跳转至绘画模式的创作界面。如果要绘制逐帧动画，就可以选择这个模式快速进入。

轻点"空"按钮则会进入完全初始的创作界面。同样的，不论选择哪种方式进入，都可以在后续操作自由转换。

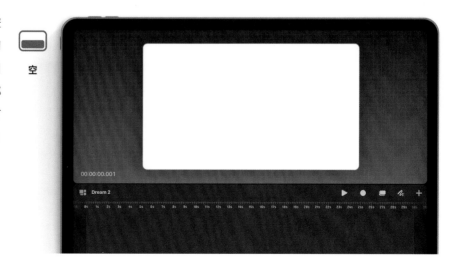

1.1.2　选择按钮

你可以通过轻点"选择"按钮对动画项目进行管理。你可以删除、复制项目，也可以为项目创建文件夹进行分组。

> **提示**
>
> 具体操作可根据图中的数字顺序进行。

你还可以通过长按动画项目，在弹出的菜单中进行更多的操作管理。当你想要给好友分享你的动画作品时，就可以选择菜单中的"分享"栏。

1.1.3　侧边栏按钮

轻点侧边栏图标，你可以查看存储在 iPad 和 iCloud 上的文件，默认动画项目都存储在 iPad 本地设备上。

你也可以将动画项目拷贝至 iCloud 云端进行管理。具体操作为长按动画项目缩略图，在弹出的菜单中选择"拷贝到 iCloud 云盘"栏即可。这样即便你的设备出现问题，也能通过 iCloud 云端将制作中的动画项目找回。

1.2 时间轴操作详解

Procreate Dreams 的时间轴可以说是专为触控操作而设计的，这种直观的手势操作能够让你迅速上手，你甚至完全可以保留以往的手势习惯。

时间轴位于整个屏幕的下半部分。

当我们进入项目后，整个屏幕的下半部分就是时间轴。时间轴包含了动画项目的所有信息，它由工具栏中的控件按钮、时间标尺、内容以及关键帧轨道组成。这里我们将时间轴拆分成 11 个部分并按照顺序进行介绍。

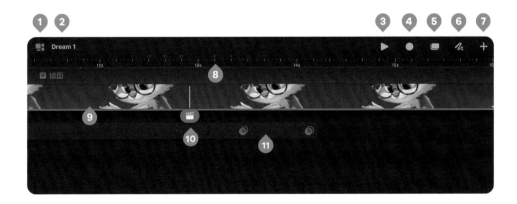

1.2.1 剧场按钮

剧场按钮 ■┇ 可以让你重新回到剧场界面中，随时查看其他动画项目。

1.2.2 项目设置

轻点后会进入项目和软件的设置界面，类似于 Photoshop 中的首选项。里面包含了项目的"属性""舞台""时间轴""分享""偏好设置"等。

1. 属性

"属性"选项卡中包含了视频的基础调整，我在前文关于"分辨率"的介绍中提到过，可以在属性中二次对帧速率、时长以及分辨率做修改。除了帧速率、时长、分辨率的修改，还可以为动画项目进行署名以及设置个人头像。

2. 舞台

在"舞台"选项卡中可以为洋葱皮开启混合模式，这里默认是关闭的。开启混合模式后的洋葱皮帧就不再以纯色显示，而是会和前后帧进行混合显示，使逐帧绘画时能够更清晰透明。（在舞台章节中会介绍洋葱皮的开启和设置。）

3. 时间轴

在"时间轴"选项卡中可以为播放模式选择不同的播放行为，有"循环""来回"和"单次"3个选项。"循环"就是在动画内容结束后自动再次播放，"来回"则是在一次顺时播放结束后从结尾反向进行播放，而"单次"则是播放一次后便停止。这里可以根据习惯进行设置。

4. 分享

"分享"选项卡中包含项目合成导出的参数设置，可以将你的动画项目以视频、序列帧、单帧，以及 Procreate Dreams 独有的文件格式导出。

这里的"高级导出"中提供了更多的导出选项，其中包括视频格式、编解码器、尺寸调整及音频格式等。

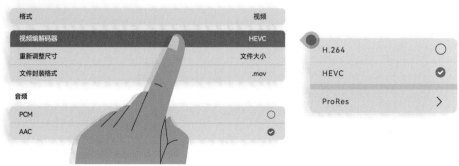

这里主要介绍下视频压缩和音频格式。

"视频编解码器"提供了 H.264、HEVC、ProRes 3 种视频压缩标准。视频编解码器是对视频数据进行编码（压缩）和解码（解压缩）的一种软件技术，它既可以是软件，也可以是硬件。这里就是软件编解码器，而硬件编解码器则内置于一些专用设备中，如数字摄像机、蓝光播放器。我们在制作动画项目时，文件本身的体积会较大，像我们观看的 100 分钟的数字电影，其制作文件甚至会有上百 GB，需要通过压缩有效地进行传播和存储，因此就有了视频压缩的主流标准。

H.264 就是一种主流压缩标准，它能够提供高质量的视频压缩，同时保持较低的比特率，并且兼容性很高，非常适用于流媒体应用、高清电视广播和蓝光光盘。

HEVC 也被叫作 H.265，它是 H.264 的继任者，压缩效率是 H.264 的两倍。在相同的视频质量下，它的数据传输率要求更低，所以它是 4K 及 8K 超高清视频传输和存储的理想选择。

ProRes 是由苹果公司开发的一种压缩格式，该格式可以接近无损压缩。对于专业视频编辑和后期制作，其较高的质量是理想选择。

综上，H.264 会带来更小的文件内存，并且兼容性很强。HEVC 则会在保证高质量压缩的同时提升压缩效率。而专业的视频后期工作人员则更倾向选择 ProRes 压缩标准。

PCM（脉冲编码调制）和 AAC（高级音频编码）是不同类型的音频技术。PCM 属于音频采样技术，常用于专业音频编辑和录音中；AAC 是编码格式，更适用于流媒体及视频网络平台。

5. 偏好设置

"偏好设置"选项卡中提供了关于 Procreate Dreams 的基本设置，你可以根据自己的习惯和喜好自定义 Procreate Dreams 使用行为。

- 画笔尺寸与不透明度边栏：可以根据个人习惯选择画笔尺寸和不透明度边栏的左右位置，默认是在左侧位置。

- 动态画笔缩放：开启后，无论画布是被放大还是缩小，画笔尺寸都会动态保持相同像素大小，类似模拟人眼的观察距离。当我们在纸上绘画时，铅笔的笔触大小是不变的，我们通过调整观察的距离来刻画细节部分，铅笔的笔触会随着距离的拉近而逐步"变大"，但是铅笔本身的笔触大小是不变的。动态缩放就是对这一行为进行模拟，当我们放大软件画布时，就相当于更近地去看画纸。

- 在开始添加关键帧：默认是开启的，当我们为内容轨道设置一个关键帧时，则会在内容轨道起始位置自动添加一个关键帧。

- 启用手指绘画：就是手指也可以作为画笔进行绘制，在下载完软件后我就会首先找到这个功能将它关上，因为在绘画过程中会经常因为手势而误操作。

- 启用手指编辑时间轴功能：开启后，可以在时间轴模式中使用手指来对内容轨道进行手势圈选。

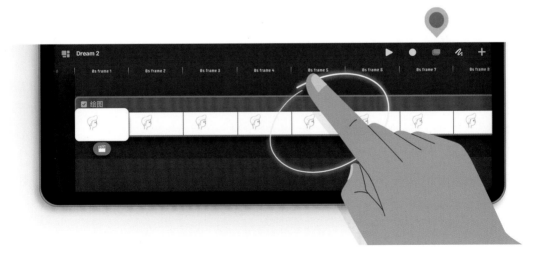

- 捏合缩放来旋转舞台：关闭后，舞台的水平轴将会被锁定。

- 快速撤销延迟/已储存的撤销步骤：设置撤销时长和撤销的次数，较低的撤销次数可以使文件内存减小，较低的设备配置可以适当减少撤销次数。

1.2.3　播放按钮

大家对播放按钮应该很熟悉，几乎所有 UI 界面中都在使用这种图形标准。这里的播放是指时间轴上内容轨道的播放，当你在绘制逐帧动画时，可以点此按钮随时查看动作是否准确流畅。这里还涉及 Procreate Dreams 的一个创新功能，叫作"循环屏幕"。

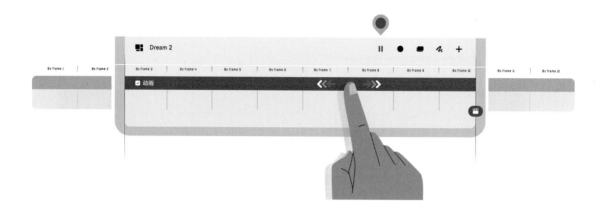

有别于其他影像后期软件中的区域播放，循环屏幕可以根据内容轨道在屏幕中出现的范围进行自适应循环播放。这极大程度地简化了工作流程，你完全可以不用设定播放的起始和结尾，只须将需要播放的内容部分缩放至屏幕从左至右的区域，即可仅播放屏幕区域中的内容。

当然，如果你不习惯这种循环屏幕的方式，也可以通过 iPad 设置进行关闭。打开 iPad 设置，在左侧边栏下滑找到 Procreate Dream 软件图标并点按进入，然后把 Loop Screen 关闭即可。

1.2.4　演出实录

这是个具有革新意义的功能，它像极了电影摄像机，按下按钮之后，你就可以通过手指或者 Apple Pencil 拖动来对内容进行表演，结束表演后只须再次按下停止按钮，内容轨道就能完全按照表演内容自动生成一段关键帧动画。类似于位于摄像机前的演员，在听到导演喊下开始后进行的表演。你只需要些想象力和表演力，就完全可以通过手势来创作一段有趣的动画内容。

下面我通过一个篮球演示如何使用它。

在使用演出实录功能前，首先调整播放指针至合适的位置①，此处我将指针放置在第一帧的位置，当然，你希望表演从哪里开始就可以将指针放置在什么位置。然后按下演出实录按钮②，演出开始后这里会变成红色的停止图标，左上角也会出现红色圆点。接下来就可以使用手指进行表演了③。

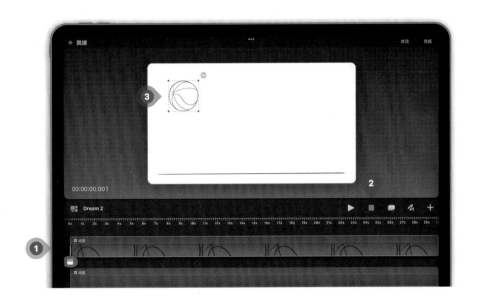

我将表演一个篮球自由落地的动画。因为篮球离地较低，所以将设置两次弹跳和三次落地。随着我拖动篮球，可以看到播放指针的位置自动出现了一组关键帧轨道④，并跟随篮球掉落生成了移动关键帧。

接着，篮球跟随我的手指继续表演首次弹跳和第二次落地，它的弹力会因为重力而逐渐衰减。对了，这里的篮球轨迹是为了便于你理解表演轨迹而后期合成的，软件中是不会出现的。

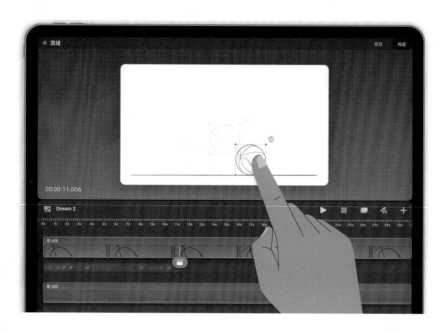

　　最后，继续完成篮球的第三次落地。这里需要注意的一点，就是演出实录功能对运动的捕捉虽然是实时的，但我们随时可以通过提起手指来暂停表演，然后再次触碰就能继续表演。这对我们在表演中对动作或者手势进行调整非常方便。

　　完成最后的落地后，我们就可以再次按下演出实录停止按钮来结束表演。此时，我们就得到了一组篮球落地的运动关键帧，即只是通过手指拖动篮球运动就顺利制作了一段简短动画。

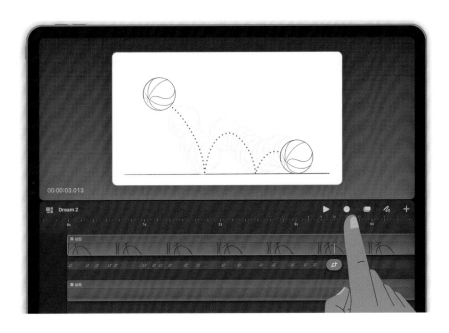

除此之外，演出实录功能还支持对时间轴中所有滤镜的进行记录，包括"高斯模糊""弯曲"等。

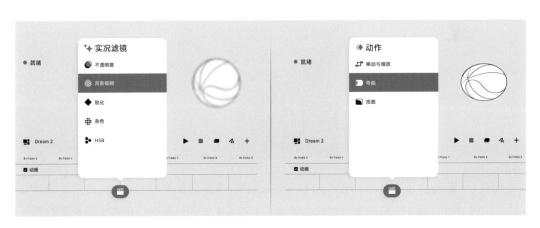

可以想象一下，这种所见即所得的功能将会带来怎样无限的可能。打开你的 Procreate Dream，立即去表演下吧。

1.2.5 时间轴编辑模式

在"时间轴编辑"模式下，通过使用 Apple Pencil 在时间轴上画出一圈红色光轨来选择多个内容轨道。被选中的内容轨道会以高亮红色轮廓显示。

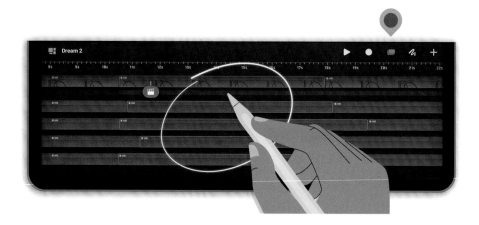

　　然后长按其中一个内容轨道即可弹出编辑菜单，批量对选中的轨道进行组合、剪切、删除等编辑，也可以批量对轨道进行混合模式调整。再次进行圈选就能取消选中。

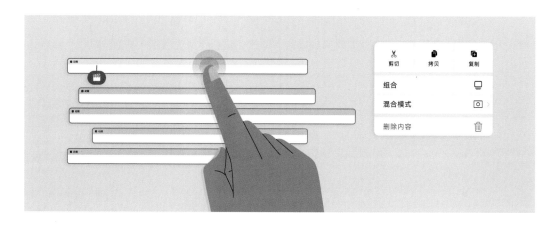

　　在创作中，随着内容轨道的不断增多，对内容进行归类整理就变得很重要。这里可以将相同类型的内容轨道进行打组。圈选需要打组的内容①，长按其中一个轨道②，在弹出的菜单中选择"组合"③。这时，原本多个轨道就会合并成一个名为"组合"的轨道④。

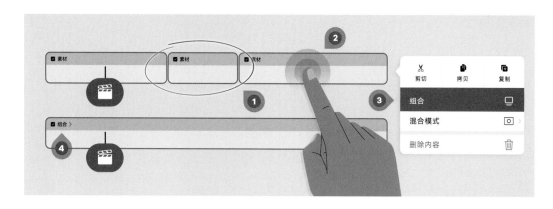

　　这里的合并并不是类似 PhotoShop 中的图层合并，它更像是为多个内容轨道新建了一个文件夹。只需要轻点组合轨道左上角的展开按钮">"就可以看到原来的内容轨道。

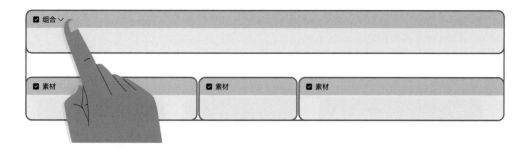

我在介绍"项目设置"时，提到过"启用手指编辑时间轴功能"的选项。当我们启用该功能后，在时间轴编辑中就可以使用手指对内容轨道进行选择和编辑。在完成操作后再次按下"时间轴编辑"按钮即可退出该模式。

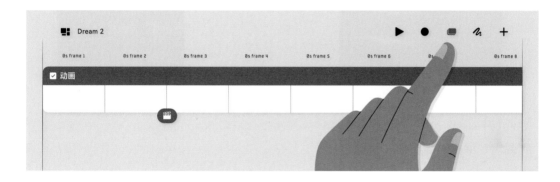

1.2.6 "绘画与绘图"模式

在进入"绘画与绘图"模式后，舞台会变成一块画布。你可以在这个模式下绘制逐帧动画，也可以为导入的视频制作动态图案元素。

按下那个弯曲线条图标①就可以进入"绘画和绘图"模式，镜头原本透明的四周将和镜头变成一整块画布，整块画布都可以进行绘画。左侧两个调节滑块分别是画笔大小②和透明度③，右上角则是画笔④、涂抹⑤、橡皮擦⑥、图层⑦、配色⑧。

如果你使用过 Procreate，那你一定对这些工具非常熟悉。它有着与 Procreate 相同的画笔、橡皮擦笔刷，相同的涂抹工具，相同的手势操作，包括图层和配色管理都完全相同。

1. 画笔、涂抹、橡皮擦

画笔、涂抹、橡皮擦都使用内置的同一套笔刷。在分屏的状态下，你可以通过拖曳的方式将 Procreate 中自制的笔刷导入 Procreate Dream 中进行使用，也可以从其他应用中进行导入。目前本书中使用的最新 1.0.6 版本的 Procreate Dream 是无法新建笔刷及对笔刷进行详细调整的，我相信后续的软件更新一定会加入更多的自定义调整。

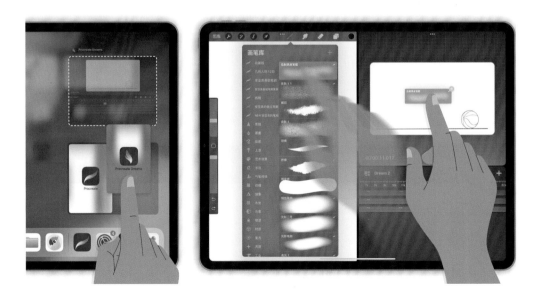

2. 图层

你可以在不同层为你的动画内容做详细的分层。

3. 配色

我们都知道颜色包含 3 个属性：色相、饱和度和明度（HSB）。配色面板中提供了 4 种不同的配色方案和自定义调色板。4 种配色方案分别是色盘调色、经典调色（HSB 调色）、互补调色，以及从网页中直接复制 HTML 代码值进行快速调色。

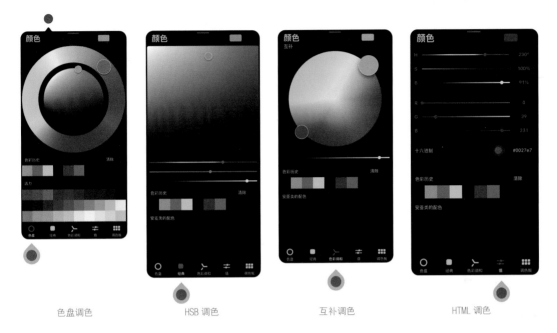

色盘调色　　　　　　HSB 调色　　　　　　　互补调色　　　　　　　HTML 调色

在我们选好配色后可以进入调色板界面①，点击"+"按钮②新建一个自己的色板，轻点配色名称可以更改命名，然后使用 Apple Pencil 的笔尖在空白的配色板内轻点一下③，就可以将所选的颜色记录在自定义的色板中了。

1.2.7　创建和添加

创建内容是动画的核心，创建按钮就是为了给动画添加不同的内容类型。轻点时间轴右上角的"+"按钮，可以添加"轨道"①、"照片"②、"视频"③、"文本"④以及"文件"⑤等内容。

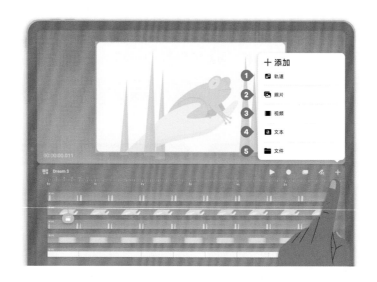

1. 轨道

　　轻点"＋"按钮①会弹出一个菜单，在菜单中选择"轨道"栏②就可以创建一个空白轨道。（在时间轴中所添加的任何内容类型都会以轨道为载体显示。当你准备逐帧绘制动画时，就可以创建一个空白轨道。）轨道中有个快速定位的手势，就是将手指在播放指针处快速轻点两次③，时间标尺和轨道区域就会随之放大。

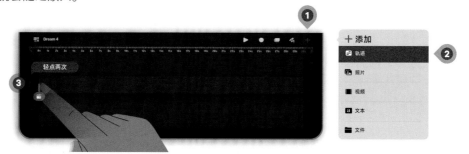

　　再次重复轻点两次④，最终会直接放大到单帧位置。

　　接着进入"绘画与绘图"模式⑤，就可以直接进行单帧绘画了。

2. 照片

选择"照片"栏就可以将 iPad 相册中的图片导入你的动画中。Procreate Dreams 支持多种图像格式：JPEG、PNG、HEIC、TGA、GIF 以及 Procreate 格式。除了添加相册中的图像，你还可以使用分屏模式直接将网页中的图像通过长按的方式拖曳到 Procreate Dreams 舞台中，也可以将 Procreate 中画好的分层通过拖曳图层的方式拖到舞台中协同创作。

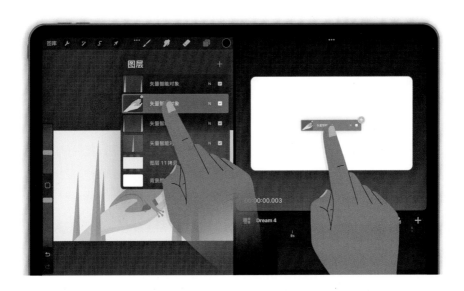

3. 视频

视频的导入方式和图像的导入方式相同，也是在 iPad 相册中选择后进行导入。Procreate Dreams 支持 AVC/H.264（MP4、M4V、MOV）、苹果的 ProRes（MOV）等格式。你可以将自己拍摄的实景视频导入，然后通过画笔加入有趣的动画元素。

4. 文本

你可以添加文本为动画设置片名以及简单的字幕。通过轻点"文本"栏创建文字框，此时的时间轴区域会自动弹出键盘，以便于输入需要的内容。

Procreate Dreams 内置了几十种字体样式，但大多数是英文字体。不过我们可以通过轻点文字右上方的"编辑样式"按钮①进入字体编辑界面，接着轻点"导入"按钮②进入 iPad 文件管理界面，导入已经下载的中文字体。Procreate Dreams 支持 OTF、TTF、TTC 三种字体格式。

在编辑样式界面中还可以对字体的大小、间距、版式等进行调节。在界面顶部切换至"格式"选项卡①，即可管理文本格式的所有信息。如果需要对文本内容进行编辑，则可以轻点左上角的"键盘"图标②，再次弹出键盘。

当完成对文字的调整并退出编辑样式界面后，如果需要对文本样式再次进行调整，只须用手指双点文字内容，被全选的文字上方就会再次弹出编辑菜单。你也可以通过长按文本轨道，在弹出菜单中选择"编辑文本"即可再次进入。

5. 文件

Procreate Dreams 能够很好地适配 Procreate 进行联合创作，你可以在 Procreate 中绘制动画分层，再导入 Procreate Dreams 进行动画制作。

- Procreate 文件导入：首先在 Procreate 中绘制好文件，然后轻点操作按钮①，再轻点 Procreate 格式②，将作品存储到 iPad 文件管理中③。

接着在 Procreate Dreams 中创建动画文件，轻点创建按钮，选择"文件"①，找到 Procreate 文件直接导入。最后长按导入后的内容②，在弹出的菜单中轻点"将图层转换为轨道"③就可以得到一个带有分层内容的组合。

- 音频导入：想要为绘制好的动画人物添加对话和音效，就可以轻点创建按钮"文件"①，选中你的音频文件后轻点打开②，就可以将其导入时间轴③中。Procreate Dreams 支持 AAC、WAV、FLAC、AC3、AIFF、CAFF、M4A、MP1、MP2、MP3 等多种音频格式。除此之外，你也可以将专业音效网站上的音频文件下载到你的 iPad 文件中，然后进行导入。

在 Procreate Dreams 中，你可以对导入的音频轨道进行修剪和编辑，来更好地配合动画剧情。轻点播放指针（红色图标①），就会弹出"开拍"菜单："水平"②和"编辑"③。

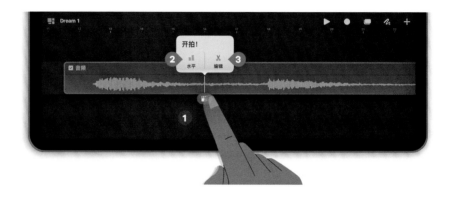

● 水平：水平调节就是对音频进行音量大小的调节。轻点"水平"按钮后，播放指针位置会生成一个关键帧轨道④，（我在"项目设置"章节的"偏好设置"中介绍过"在开始添加帧"选项，开启后会自动在起始处生成一个相同的关键帧⑤）音频轨道中也会生成一根音高线⑥，并且会根据关键帧位置同步生成一个锚点⑦。

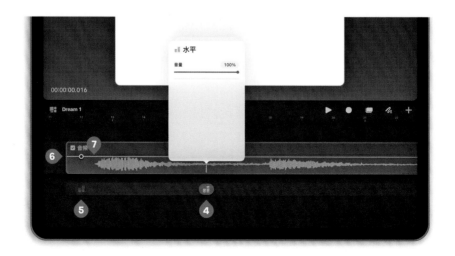

当我们调节"音量"①时，音量线中的锚点会同步上升或下降②。长按水平关键帧③，会弹出一个编辑菜单，在这里可以对关键帧之间的过渡关系进行调节。轻点"设置缓动"④会弹出一个子菜单，可以选择"线性""缓入""缓出"或者"缓入缓出"。过渡调节会被应用于当前关键帧和相邻关键帧⑤。

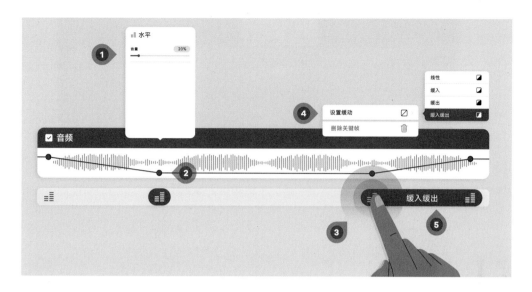

做视频后期的小伙伴应该对此比较熟悉，通常两个关键帧之间的动态关系可以分为线性和缓入缓出两种。在水平移动场景中，线性可以理解为完全匀速移动，缓入缓出则是开始时缓缓移动，到中间部分速度加快，最后缓缓慢下来直到停止。在自然环境中，所有自然的运动状态都是接近缓入缓出的。这里的音频也同样如此，缓入缓出的过渡状态会让音量大小过渡得更为柔和。

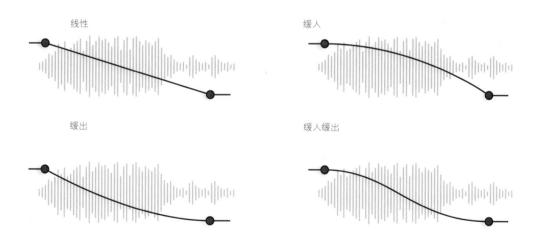

● 编辑：在编辑界面中可以对内容轨道进行修剪拆分，类似于剪辑软件 Premiere Pro 中的剃刀工具。将音频轨道上的播放指针移至需要修剪的位置，然后轻点播放指针，在弹出的菜单选择"编辑"子菜单中的"拆分"①，对音频进行修剪。

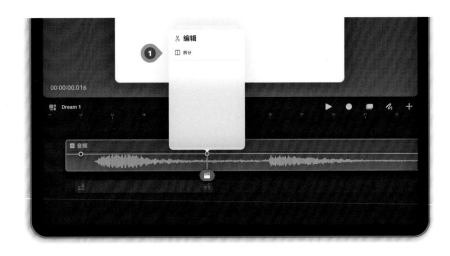

例如，在为动画人物进行配音时，就需要将导入的录音通过"拆分"修剪掉不需要的部分，并将对应人物对话调整至正确的位置。拆分音频①后，长按音频轨道②将其拖曳至对应的位置③即可。

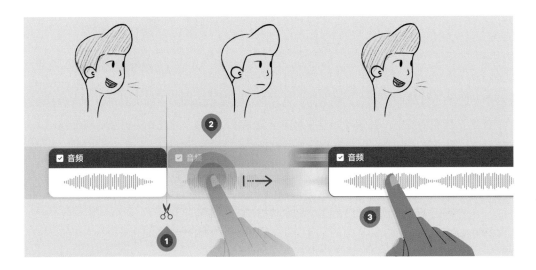

1.2.8 标尺

标尺包含了时间信息，随着时间轴的缩放，Procreate Dreams 会自动调整时间信息的显示比例。最小显示单位为帧，最大显示单位为秒。例如，设置的帧速率为 15FPS，那么标尺中的 1 秒则包含 15 张图像（帧）。

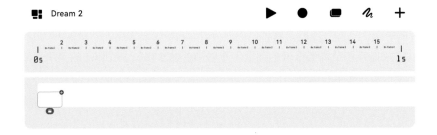

1.2.9　轨道

　　轨道是组成动画的基础。1.2.7 小节中简单介绍过如何创建内容轨道，熟悉了如何在 Procreate Dreams 中创建和添加不同内容后，你就可以通过导入图像、视频和音频的方式在轨道上添加内容，也可以直接创建文本和绘画内容轨道。

　　本小节我会介绍如何编辑和调节轨道上的内容。

　　视频、图像、绘画、音频和文本 5 种内容类型都会以轨道形式生成，每个内容轨道都有一个内容选项菜单，可以通过长按内容①来弹出此菜单②。

1. 剪切、拷贝和复制

　　对轨道的操作方式与 Photoshop 中的图层类似，但其中的拷贝和复制操作有所不同，二者和苹果电脑系统中的操作方式一致。

　　当对轨道中的内容进行剪切①后，原内容会随剪切而消失②，这很好理解。然后在轨道空白处长按③再次弹出轨道选项菜单，此时的菜单会多出一个"粘贴"按钮，轻点后即可粘贴原内容至选择的轨道位置。

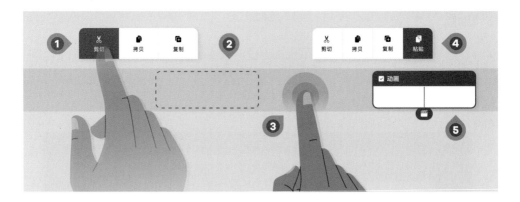

拷贝类似于 Windows 中的复制功能，对轨道上的内容进行拷贝①后，原内容不会发生变化。接着在空白轨道长按②弹出菜单，然后在菜单中轻点"粘贴"按钮③后就会得到一段同样的内容④。

复制则不同于拷贝。当在选项菜单中轻点"复制"按钮①后，无须进行粘贴操作，Procreate Dreams 就会直接在轨道中的原内容尾端复制一个同样的新内容②。当轨道中多内容并列时，使用复制功能就可以很方便地在中间内容段直接插入一段复制的内容，无须调整其他内容段来空出适合位置。

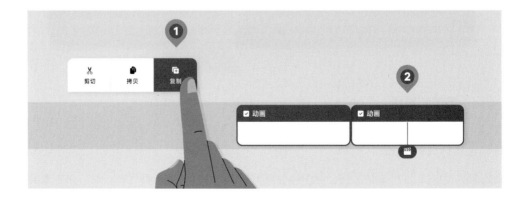

2. 重命名

作用是对轨道上的内容修改名称。轻点"重命名"①，在文字框中输入新名称②，就可以修改轨道上内容的名称③。

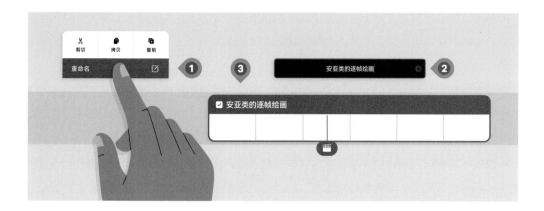

3. 高亮内容

作用是为轨道上的内容设置不同的颜色，以便于更好地进行归类管理。轻点子菜单中不同的颜色，内容左上角名称位置就会出现对应颜色的椭圆形标。当对内容轨道进行拆分和拷贝时，颜色属性也会同步跟随。如果想取消颜色图标，就再次进入子菜单，选择最下行的"无"即可。

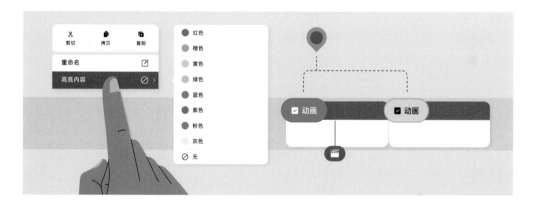

4. 混合模式

作用是使轨道上的内容①和下方内容进行视觉交互，使内容间的颜色和图像产生相互作用，类似于 Photoshop、Procreate 中图层间的混合模式。默认为正常模式。

● 正片叠底：该混合模式可使上方内容中较暗的像素来影响下方内容的颜色。例如，对人物的投影和暗部进行刻画。使用该模式会使原本的颜色加深，当上下方中一方是黑色时，则任何其他颜色与其混合后都会显示为黑色。

● 变暗：变暗与正片叠底类似，但通常更加保守，因为它只保留较暗的颜色，而不是直接相乘。这使变暗模式在某些情况下更适合用于增加图像的深度和阴影效果。例如，对夜景的模拟，在增强暗部细节的同时会保留较亮的元素。

● 颜色加深：它和以上两种模式都是通过混合对颜色进行加深的，但不同的是，颜色加深模式不会改变图像的颜色，而只会影响亮度和对比度。它会通过增强上方内容中的较暗颜色，并将其应用到下方内容上。例如，对火焰和烟雾的创建中会用到这种混合模式。

● 线性加深：它会将当前轨道层的颜色值以线性方式混合到下方层。具体来说，线性加深模式会根据当前层的颜色值，逐渐减弱底层的亮度，增强颜色的深度，并通过将两层颜色结合产生新的颜色效果，使结果颜色更暗、更饱满。在数字绘画中，会使用线性加深模式来绘制光线照射到物体上的阴影。

● 深色：它是常用的混合模式之一，会在两层中选择最暗的颜色作为最终效果显示。深色混合模式不会影响内容层的不透明度，只会影响颜色的深浅。即使上方内容层存在对不透明度的调节，仍然会以深色混合的方式和下层进行混合。它可用于创建特殊效果，如突出物体轮廓或模拟光线穿过物体的效果。

● 变亮：在两个内容层进行变亮混合时，该模式会选择较亮的颜色作为最终效果显示。如果上方内容层的颜色较亮，就会以上方内容层的颜色为最终混合效果。同样，该模式不会影响内容层的不透明度，只会影响颜色深浅。可以使用该模式来添加光线、增强高光部分以及调整亮度，也可以为光线增加光晕效果。

● 滤色：该模式与 Photoshop 中的滤色模式非常相似。它主要用于增强图像亮度、创建光效，以及去除黑色背景的素材。滤色模式通过将上层图像的颜色与下层图像的颜色相乘，然后反转结果来实现。滤色通常用来制作闪电、火焰和烟雾等，星星、霓虹灯、魔法效果等使用滤色来实现也非常合适。

● 颜色减淡：和滤色混合模式通过相乘运算刚好相反，颜色减淡模式通过相除运算来得到更亮的颜色。会使较亮的颜色更加明亮，较暗的颜色变得更加透明。同样用于绘制特定环境中的光线和发光效果。

● 添加：该模式可以将两个内容层的颜色值进行混合相加，从而产生更亮的效果，会对亮度和饱和度进行提升。图像混合时，通常会使用该模式来提升整体的亮度。同样用来绘制光线、高光和发光效果。

● 浅色：该模式可以将两个内容层的颜色值进行混合比较，突出明亮的颜色和高亮部分，增强明度和对比度。同样用来绘制光线、高光和发光效果。

即使不是很理解这些混合模式的运算方式也没有关系，只须要记住"正常"模式的上方是 5 种加深混合模式，下方是 5 种提亮混合模式。可以根据不同的场景和环境进行合适的混合选择。

在"绘画与绘图"模式下选择轨道，然后轻点舞台右上方的图层按钮①，再轻点"N"②，同样可以对混合模式进行调节。

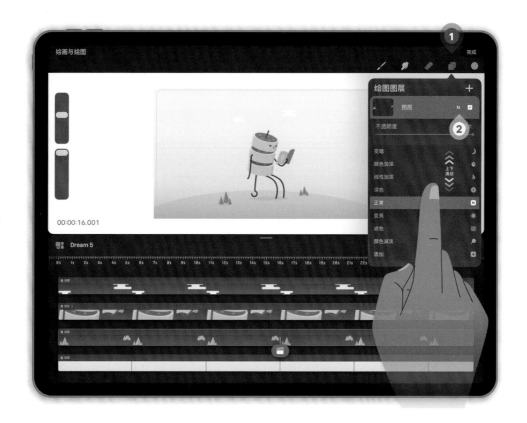

5. 蒙版

蒙版是一个图像或图像的一部分，它通常被放置在另一个图像之上。蒙版可以是半透明的，允许底层图像透过它显示出来，也可以修改底层图像的外观，还可以用来添加纹理、滤镜、阴影等效果。

Procreate Dreams 中的蒙版类似于 Photoshop 中的剪贴蒙版。轻点内容轨道选项菜单中的"蒙版"①会弹出子菜单，有"剪辑蒙版""图层蒙版"和"反转"②三个可选项。不论哪种蒙版方式都应在上方内容③进行应用。

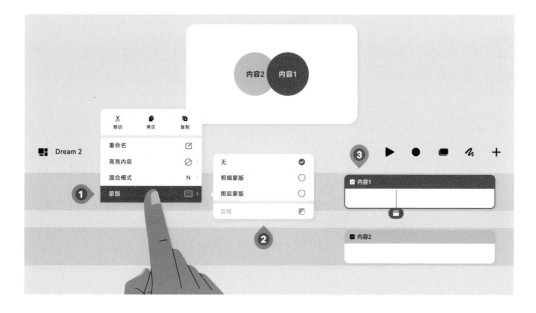

● 剪辑蒙版：类似于图层中的剪贴蒙版，轻点"剪辑蒙版"①，轨道中上方内容层就会出现变化②。此时上方内容层中的图像会以下方图像的轮廓来创建遮罩③，只显示交集部分的图像。通常在对物体边缘暗部进行绘制时，会使用剪辑蒙版。

● 图层蒙版：和剪辑蒙版不同的是，它会对下方内容层中的图像产生影响。轻点"图层蒙版"①后，会以上下方内容交集的部分作为显示区域②，交集之外的内容则完全不显示。

● 反转：默认"反转"选项会呈不可选状态，只有在对内容层应用了图层蒙版①后，才能激活"反转"选项②。也就是说，"反转"选项是针对应用图层蒙版后来进行反转③。

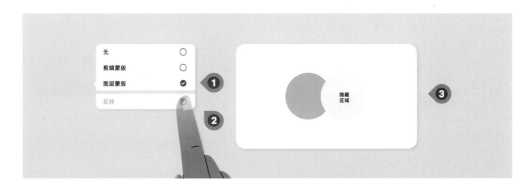

6. 填充时长

我们在创建轨道时，轨道的长度会默认和项目时长匹配。导入的视频、音频内容会根据本身的时长进行显示，创建图像和文本内容后，其长度则会默认填充至项目结尾处，而在创建绘画内容时，其内容则会以单帧形式显示。如果内容时长过短，当播放指针随着播放离开内容后，舞台中所属内容的图像便会消失。

填充时长是将轨道上的内容长度拉伸至项目所设置的时长，而视频和音频类内容则只适配自身时长。这里需要注意的是，填充时长只作用于内容后段。当我们轻点"填充时长"选项①后，原本的内容轨道后端就会自动向后填充至项目时长结尾处②。

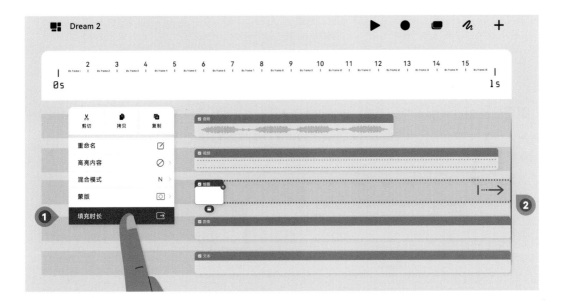

7. 轨道选项

用来快速访问当前内容所在的轨道①，长按空白处也可以弹出该选项菜单②。

和内容选项菜单不同的是，轨道选项会针对所选整个轨道进行操作，内容选项则针对所选内容进行操作。菜单中的"剪切""拷贝""复制"都针对整个轨道进行操作，和内容中横向复制①不同，轨道选项中会将整个轨道（包含内容）向上层进行粘贴②。

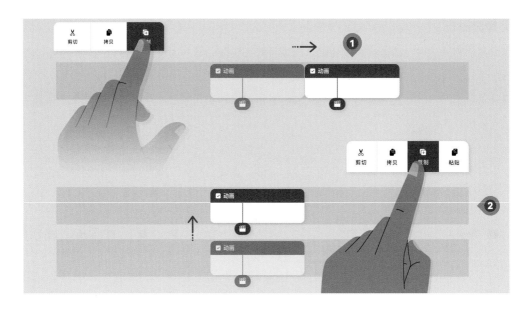

在 Procreate Dreams 中，轨道上单个内容的隐藏和显示，只须要通过轻点内容左上角的复选框①来实现，而绘画中对图层的隐藏和显示也只须轻点图层右侧的复选框②来操作。

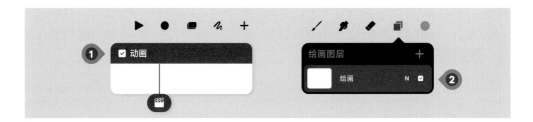

当轨道上的内容被隐藏后，舞台中便会缺失一段内容图像，而"显示全部"和"隐藏全部"将会被应用在包含所有内容的轨道上。如果同一轨道中有被隐藏的内容，在轻点"显示全部"①后，轨道上的内容将全部显示②。当导出动画前，对由多个内容组成的轨道进行检查时，这个功能就变得非常实用。

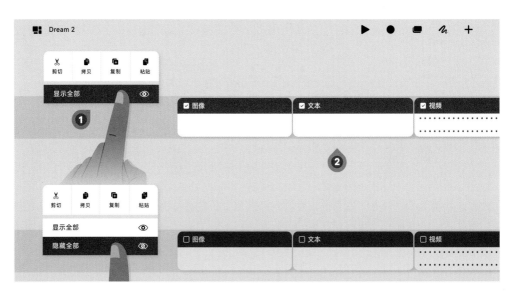

8. 删除内容 / 轨道

内容选项菜单中最下方的"删除内容"和轨道选项菜单最下方的"删除轨道"不同，轻点前者的"删除内容"①，可以将选中的内容进行删除②。轻点后者的"删除轨道"③，则会对所选的整个轨道进行删除④，包括轨道中的所有内容。

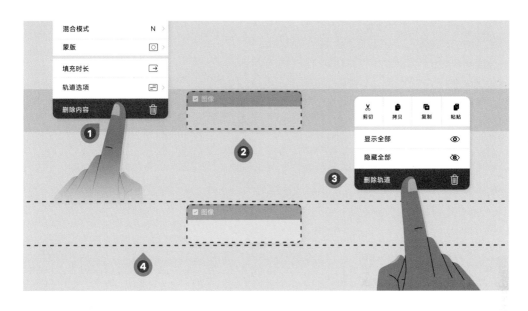

9. 移动轨道和内容

我们可以通过长按内容对其进行水平、垂直移动①，从而重新进行排序。当移动的内容靠近其他内容时，就会出现一根垂直的红色线条②，此时放手便会直接吸附于其边缘。

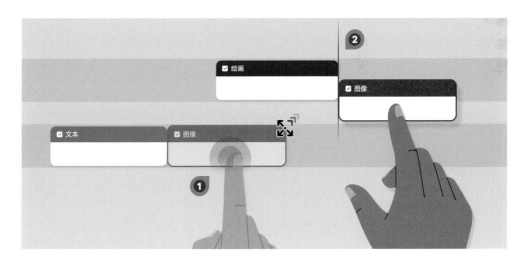

我们还可以将内容插入其他两段内容之间。长按③后将内容拖至其他两段内容中间位置④，出现红色线条后放手即可插入其间。

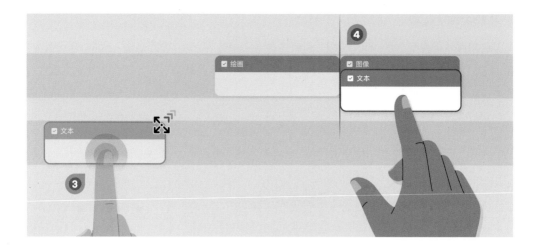

如果将内容拖至两个轨道之间放手，则会在两个轨道中间创建一个新的轨道。例如，下图中长按内容⑤后将其拖至上下轨道之间⑥，会出现一条虚线⑦，此时已激活创建一个新轨道。

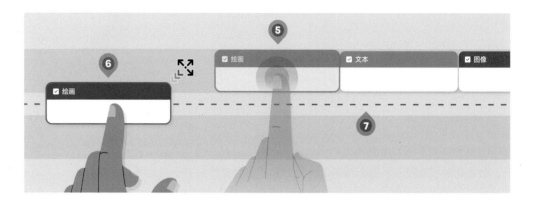

移动轨道也是同样的方式，只须长按轨道⑧，将其垂直拖动后便可调整排序。

1.2.10　播放指针

绘制完一段动画后，可以通过轻点播放按钮来观看动画，也可以拖动播放指针①来预览动画片段。

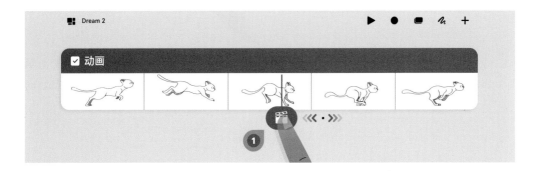

我们在任意位置轻点轨道上的内容后①，手指轻触的位置就会出现播放指针，同时轨道内容对应的图像外会出现一个边界框②。

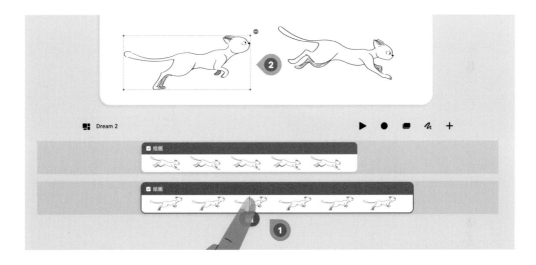

此时，在边界框按住屏幕，然后对图像进行随意拖动③，也可以按住边界框四周的任意手柄对图像进行等比缩放④。

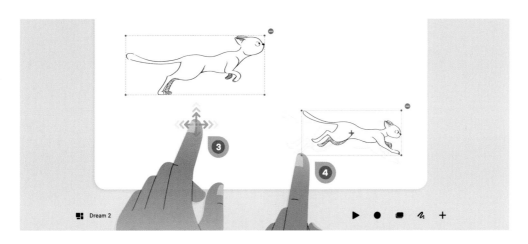

轻点边界框右上角的更多 "···" 按钮，会弹出边界框菜单，可以对图像进行水平翻转⑤、垂直翻转⑥。

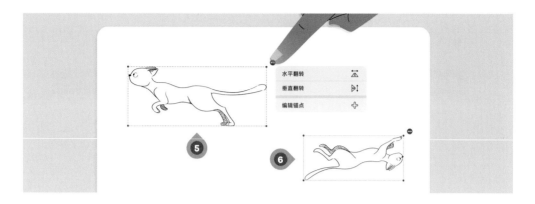

轻点边界框四周的任意手柄，就会出现一个半弧形的图标⑦，按住这个图标即可对图像进行旋转⑧（以边界框中心位置的锚点为半径进行旋转）。

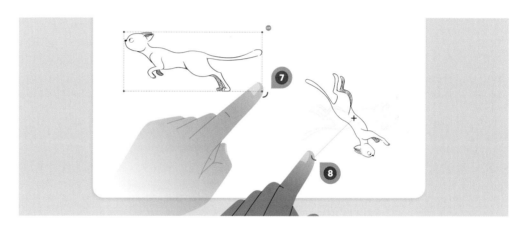

你也可以轻点菜单中的 "编辑锚点" ⑨，进入到编辑界面中，然后将锚点拖动至想要的位置⑩，轻点 "完成" 按钮 ⑪ 即可改变锚点位置 ⑫。

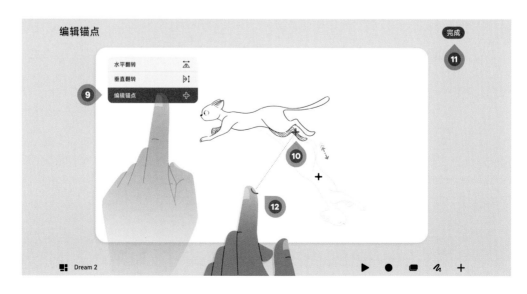

播放指针也是为内容创建关键帧和编辑内容的入口。轻点播放指针就会弹出编辑菜单，有"移动"①、"滤镜"②、"编辑"③三个菜单选项。

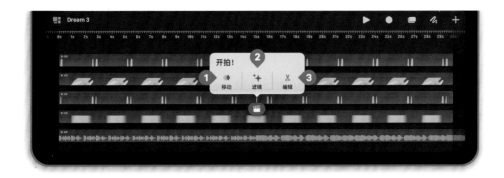

1. 移动

可以为内容创建动作关键帧，包含"移动与缩放""弯曲""扭曲"3种动作类型。通过为内容设置关键帧可以丰富整体动画效果。

● **移动与缩放**：先来了解下什么是关键帧，关键帧包含动画中物体或角色在特定时间点上的特定状态或位置。比如，你想让一个篮球从一个点移动到另一个点，你只须在起始位置①和终点位置②分别设定一个关键帧。然后软件会自动在这两个关键帧之间创建平滑的过渡③，从而实现流畅的移动效果。你还可以长按关键帧轨道对过渡方式进行调整④。

关于4种过渡方式，我在音频章节做过介绍。

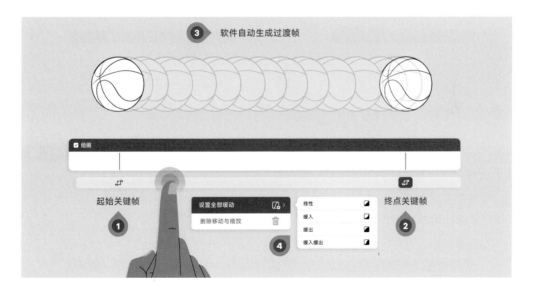

前面讲解过如何对图像进行移动、缩放和旋转调整，这里我们为这些动作进行关键帧设定。轻点"移动与缩放"①，在播放指针所在的位置创建一个起始关键帧②。（如果你在"项目设置"/"时间轴"中开启了"在开始添加关键帧"选项，就会在起始位置同步生成一个关键帧，这里的演示我将此选项进行了关闭。）然后我们将关键帧指针图标移动到了终点位置（在没有完成创建时，关键帧图标呈暗灰色③），接着我们在舞台中轻点一下篮球④，出现边界框后往右侧移动，并将它进行一定的旋转⑤。

抬起手指后关键帧图标就会变成亮白色⑥。此时，一段关键帧动画就创建完成了，软件会自动实现两个关键帧中间的过渡和平滑。

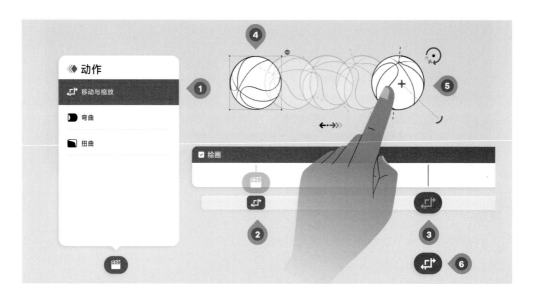

再次轻点关键帧图标，还可以对关键帧动作参数进行详细调整。

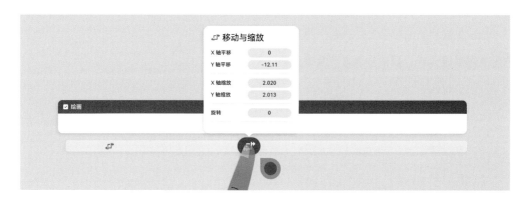

长按关键帧轨道会弹出轨道菜单，通过它可以对轨道进行删除或对关键帧轨道进行展开，查看和调整每个动作参数子轨道①。也可以长按关键帧图标删除单个关键帧②或者整个关键帧轨道③。

> **提示**
>
> 为图像设定（移动、缩放和旋转）动作关键帧后，后端内容的移动、缩放和旋转，只能在关键帧轨道中进行调整。

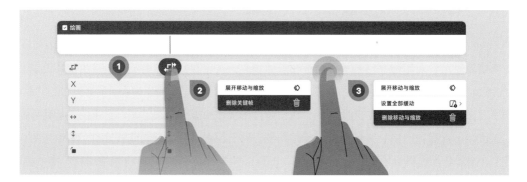

● 弯曲：和 Procreate "选择"中的"弯曲"相同，通过控制点可以对图像进行自由变形。但 Procreate Dreams 中的"弯曲"可以实现手动增加更多调节点以实现更细微的调节。轻点菜单中的"弯曲"①，弹出弯曲调节点调整菜单②（只有首次设定关键帧时才会出现此菜单）。此时图像会被布满调节点的边界框包裹住③。

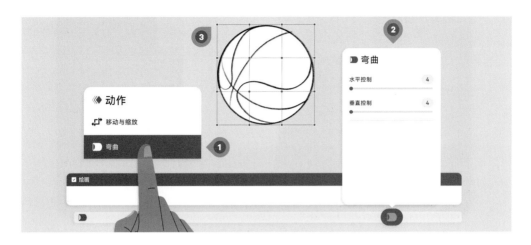

拖动调整菜单中的滑钮为边界框增加调节点④，然后拖动任意调节点就可以改变篮球的形状⑤。当我们需要制作变形动画时，就可以使用弯曲功能来为图像设定变形关键帧。

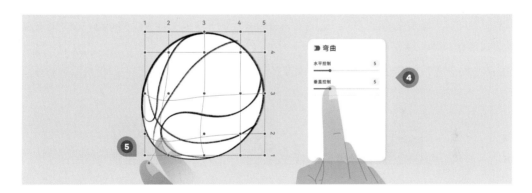

● 扭曲：扭曲也是一种变形的方式，但不同于弯曲的边界框，扭曲只能调节边界框的四角来进行变形。轻点菜单中的"扭曲"①，创建扭曲关键帧，接着调节篮球边界框的任意一角即可完成变形②。

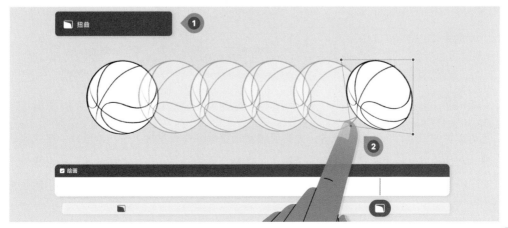

2. 滤镜

可以为内容创建特效关键帧，包含"不透明度""高斯模糊""锐化""杂色""HSB"5种常用特效。通过为内容设置特效关键帧，可以增强动画效果。

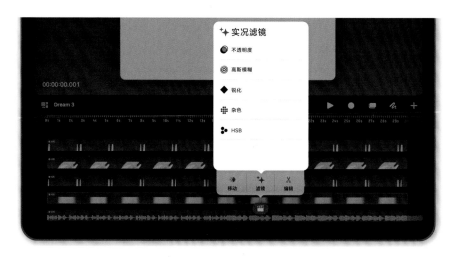

● **不透明度**：既用于制作不透明到透明的过渡动画，是常用的关键帧之一，也用于制作相机拍摄时闪光灯闪烁的动画。

我画了一个相机①和一个具象的闪烁光②，分别按照顺序放置在上下两个轨道上。相机没有动画，所以只需要在闪烁光轨道上创建3个不透明度关键帧来实现一次闪光灯闪烁的动画，分别是起始关键帧③、闪烁关键帧④、终止关键帧⑤。然后为3个关键帧分别设置了不透明度，起始时不透明度为0%⑥，闪烁时设置为100%⑦，终止时再次设置成0%⑧，这样就得到了一段相机拍照动画。

你还可以将快门键作为单独的轨道，为它设置移动关键帧来模仿按下快门的动作，使这段动画更生动合理。制作关键帧动画时需要注意一个重点，就是合适的时长。比如上面的相机小动画，闪光灯闪烁就在一瞬间，时长也就规划为3帧。在制作关键帧动画前，我们一定要估算出动画的时长再设置关键帧。

● **高斯模糊**：在动画中模拟景深效果时，高斯模糊非常实用。通过对远处或者焦点以外的元素应用高斯模糊，可以模拟出摄影中的景深效果，使焦点元素更加突出。例如，动画中可以应用高斯模糊来切换人物，通过塑造景深来突出人物并引导焦点走向。

　　首先，绘制前景人物①和后景人物②两个内容轨道，接着为前景人物创建一个起始帧③，再创建一个终止帧④，并为终止帧设置一定模糊数量④，然后参照前景轨道中关键帧的位置，继续对后景人物设置起始、终止关键帧，并对数值做相反的设置（⑤⑥）。最后按下播放按钮就能实现人物焦点切换的动画，通过设置高斯模糊关键帧，为原本较平的画面增加了空间和焦点。

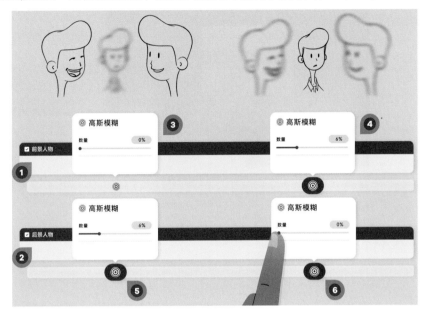

● **锐化**：在动画制作中，锐化经常被用于提升整体画面的细节和清晰度，可以使整体画面更为鲜明和突出。

● **杂色**：在绘制风格化较强的人物场景时，可以使用杂色来增加颗粒感，从而打造艺术性效果，赋予动画不同的情绪和氛围。

● **HSB**：在动画中使用 HSB 关键帧可以实现一些有趣的效果和变化。通过在不同关键帧上调整色相、饱和度和亮度的值，可以营造出色彩的波动和光影效果，从而突出某些情绪或场景的变化。例如，舞台的光效氛围、夜晚街头的多彩霓虹灯以及正在变色的变色龙。

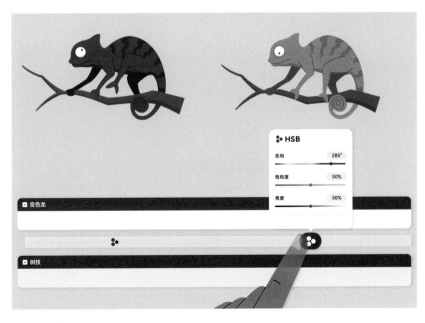

3. 编辑

主要是用于对轨道上的内容进行拆分，类似于剪辑软件中的剃刀工具，制作关键帧动画时经常会用到它。首先将内容轨道上的播放指针放置在需要拆分的位置①，然后轻点播放指针，在弹出的菜单中轻点"编辑"中的"拆分"②，就可以完成对内容的拆分了③。

1.2.11　关键帧轨道

关键帧轨道是内容轨道的下级轨道①，用来放置为内容所设置的动作、特效关键帧信息，关键帧轨道只有在设置关键帧后才会出现。如果对内容轨道进行拆分，那么关键帧轨道也会随之一起变化②。我们既可以通过长按关键帧轨道，弹出关键帧轨道选项菜单，对整个轨道进行删除③，也可以长按关键帧对单独关键帧进行删除④。

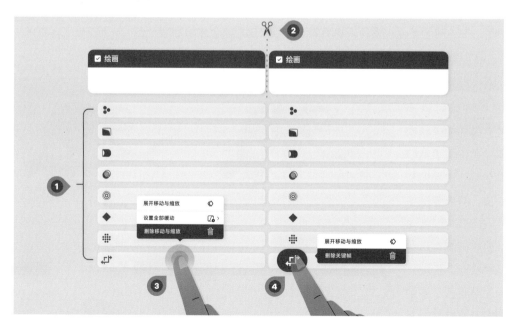

时间轴是 Procreate Dreams 中重要的部分，是动画制作、特效处理和轨道编辑的核心控制中心，熟练运用时间轴功能将为你的动画作品增添更多的维度和表现力。

1.3 舞台

1.3.1 界面

我们制作的动画内容都会在舞台中显示，舞台的尺寸就是你所设置的影片尺寸。舞台可供你对内容进行实时预览，以便于更直观地对时间轴进行调整和编辑。舞台界面包含 3 个部分，分别为舞台①、后台②和时间码③。

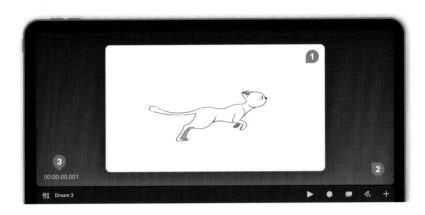

1. 舞台

通过捏合可以对舞台进行缩放、旋转以找到适合的观察位置。

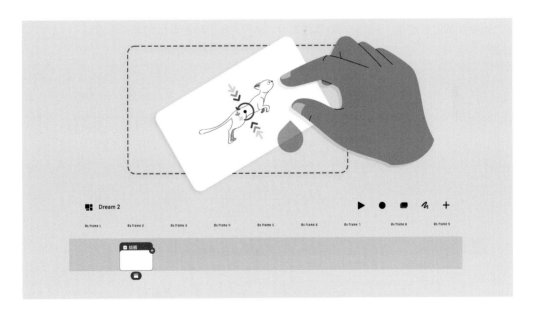

2. 后台

后台是舞台外的区域。我们在后台可以创建比舞台更大的内容，类似于相机拍摄人物时镜头之外的部分。虽然照片中最终只会出现镜头内的画面，但完整的人物真实存在于镜头之外。

在进入"绘画与绘图"模式后①，后台②会和舞台融为一体，并且同步背景颜色和不透明度，其他模式下后台会以半透明状态显示。当制作穿越式动画（Through Animation）时，就可以在后台将即将进入镜头和离开镜头的内容绘制完整，以增强动画准确性。

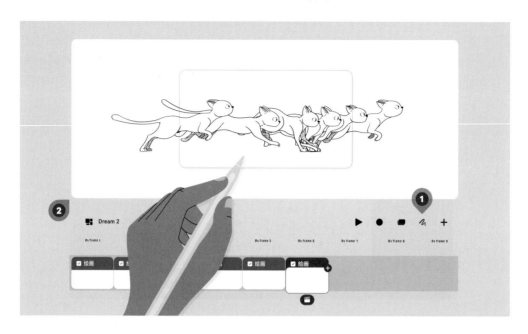

3. 时间码

时间码是用来显示时间轴中播放指针停留处的时间的，可以精确到帧。以帧速率 15 帧 / 秒为例，时间码中的帧数单位会在第 15 帧后①自动跳回 01 帧②，同时秒数单位增加 1 秒③。

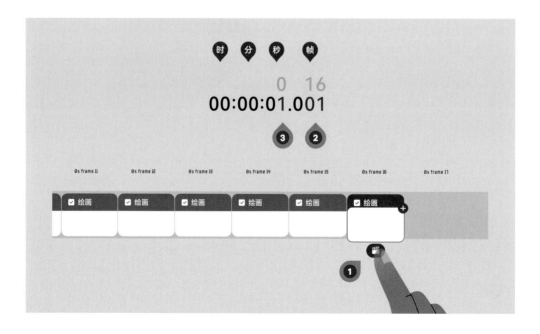

1.3.2 舞台选项与操作

时间码也是舞台选项的入口，轻点时间码①即可弹出"舞台选项"菜单②。"舞台选项"菜单中包含洋葱皮设置和舞台背景颜色设置等。

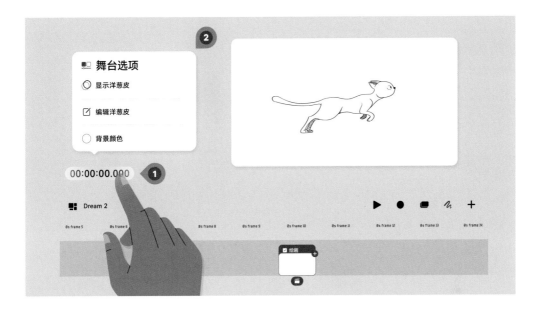

1.显示洋葱皮

洋葱皮源自其视觉类比，洋葱皮（Onion Skinning）技术允许动画师在连续的帧之间逐渐看到不同的帧，这个类比源自洋葱的特性。在动画制作中，洋葱皮通过透明地叠加向前帧与向后帧，使动画师可以看到多个帧之间的差异，便于比较和调整帧之间的细微变化，使动画更流畅自然。在逐帧动画绘制中，轻点这个选项可以激活洋葱皮功能①，接着新建一帧②，此时就可以看到前一帧变成了半透明的洋葱皮模式③。通过洋葱皮可以更好地绘制出连贯流畅的下一个动作④。

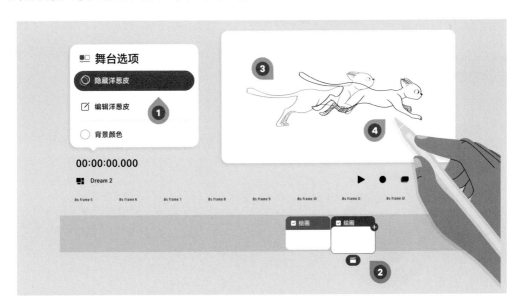

2. 编辑洋葱皮

该选项用于对洋葱皮帧进行颜色、前后帧显示数量，以及不透明度等详细设置。轻点该选项后①，会弹出"洋葱皮"子菜单，该子菜单中包含两个选项卡，分别是"向后"洋葱皮帧②和"向前"洋葱皮帧③，用于对洋葱皮帧的显示颜色④、数量⑤、不透明度⑥进行单独调整。

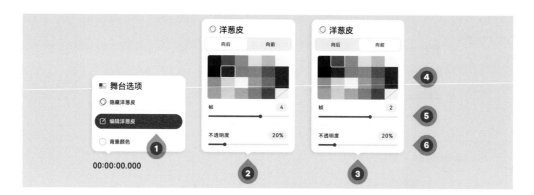

如果将"向后帧"设置为3帧并选择以紫色显示①，将"向前帧"设置为2帧并选择以蓝色显示②。当开始逐帧绘制时，就会分别在所选帧的向后和向前逐帧显示该洋葱皮设置③。

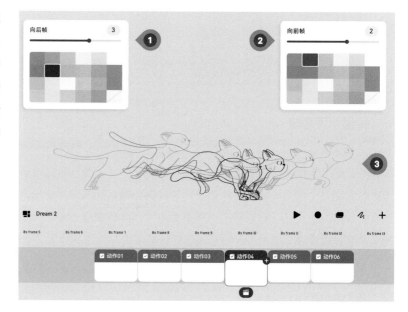

3. 背景颜色

该选项用于对舞台背景进行颜色设定，轻点该选项，同样会弹出一个色彩调节子菜单，包含对色相、饱和度和明度的调节①，还有舞台完全透明的调节按钮②。

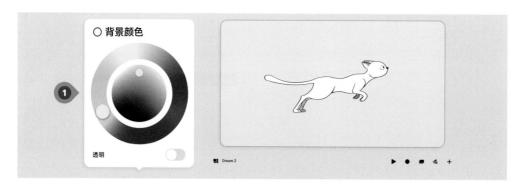

1.3.3　手翻书模式

　　你可以把手翻书理解为时间轴的缩略窗口。在"绘图与绘画"模式下，下拉时间轴顶部中心的手柄图标①，即可隐藏时间轴面板并进入手翻书模式。手翻书可以显示任意位置的 3 帧：中央帧、前帧和后帧。轻点中央帧，再轻点右上角出现的添加按钮②即可增加新帧。

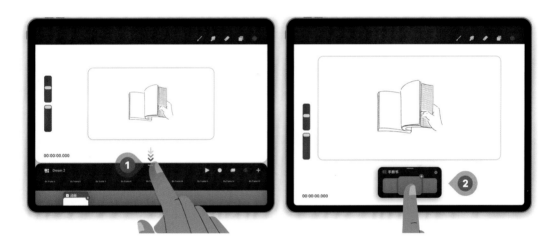

　　左右滑动帧可以预览动画①，按住手翻书顶部手柄图标可进行任意位置的拖动②。长按中央帧可弹出选项菜单，然后对当前帧进行删除、复制等操作。

　　当想要退出手翻书模式时，可以直接轻点手翻书窗口右上角的叉号，重新换回到时间轴界面。手翻书模式可以使你更专注地进行逐帧绘画。

1.4　手势：触控操作游刃有余

1.4.1　基本手势

　　了解 Procreate Dreams 的所有操作和功能后，本节我们开始学习 Procreate Dreams 的手势操作。可以说，Procreate Dreams 是专为 iPad 的触控操作而设计的。除了完全适应 iPad 的基本手势和操作方式，Procreate Dreams 还增加了更多的独特手势。

1. 双指平移

　　使用双指轻点并按住舞台，就可以对舞台进行任意方向的平移，同样也可以对时间轴轨道进行任意方向的平移。时间轴的平移，还可以通过单指手势进行。

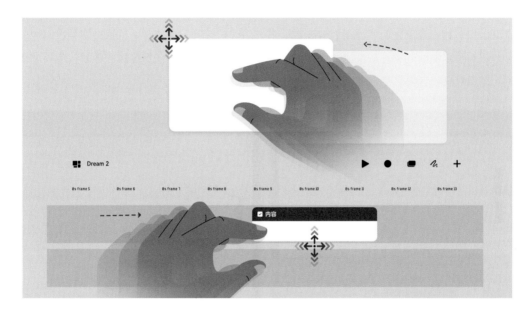

2. 捏合缩放 / 旋转

　　使用双指轻点并捏拉，可以对舞台和时间轴进行缩小或放大。在捏拉过程中，旋转手部可以对舞台进行任意旋转。

3. 快速捏合贴合屏幕

分别使用双指轻点并快速捏合①，可以使舞台和时间轴显示所有内容并回到默认大小。当对舞台内容进行缩放和旋转后②，可以使用这个手势快速回到完整视图显示③。

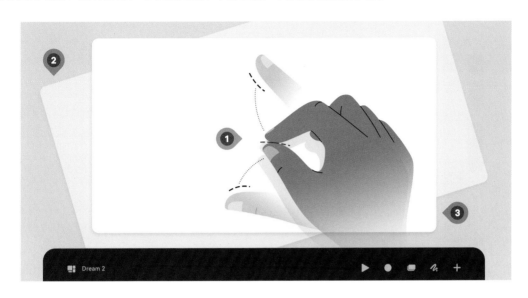

对时间轴进行快速捏合，能让整个时间轴上的轨道内容全部显示。

4. 双指撤回 / 三指重做

使用双指在屏幕上轻点一下，就可以触发撤销操作。下图在屏幕中轻点了三下①，此时绘制的人物就被向前撤销了三次绘画操作②。当需要撤销较多的绘画步骤时，持续轻点就显得较为费力，我们可以双指轻点并按住，此时软件就会自动向前撤销，直到手指抬起才会停止撤销操作。

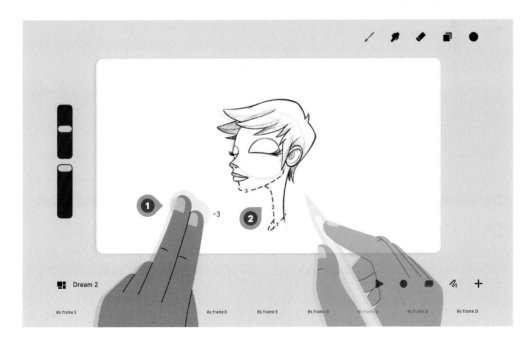

如果误撤销，就可以通过三指再次轻点屏幕③找回之前绘画步骤④。

同理，在时间轴和舞台中都可以通过双指／三指轻点屏幕来撤销和重做当前操作（在项目设置／"偏好设置"中可设置撤销的步数）。

1.4.2　时间轴手势

Procreate Dreams 单独为时间轴设计了独特手势，在你制作动画时，熟悉这些独特手势可以提升效率，节省更多的时间来进行创作。

1. 即时回放

要想让制作的动画在时间轴起始位置即刻开始播放，只需要按住播放指针并快速向左侧扔出①，即可使播放指针跳向起始位置并进行动画播放②。

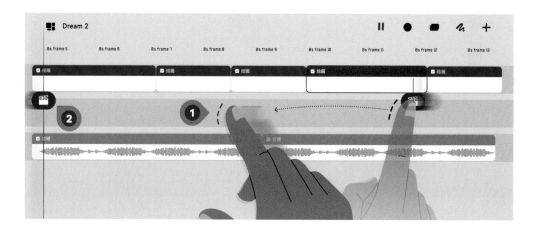

2. 推 / 拉内容

通过手指长按内容边缘可以对内容进行左、右修剪。将手指放在内容尾端并长按①，直到尾端边缘出现高亮轮廓②，此时通过手指进行左右推拉就可以将内容修剪到指定长度③。当拖动到上方内容边缘时，就会出现高亮对齐线，会有个主动吸附的引力辅助边缘对齐④。

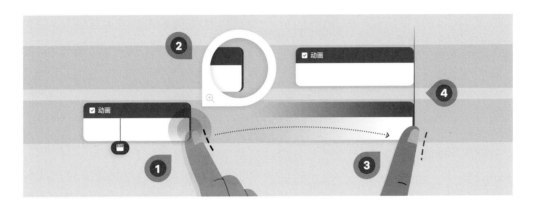

当需要对两段接连的内容中的一段内容进行修剪①，且希望两段内容始终保持接连状态时，只需要长按修剪内容的边缘，直到出现高亮轮廓②，然后将另一只手指按住屏幕③，就可在修剪内容的同时使两段内容保持接连状态④。

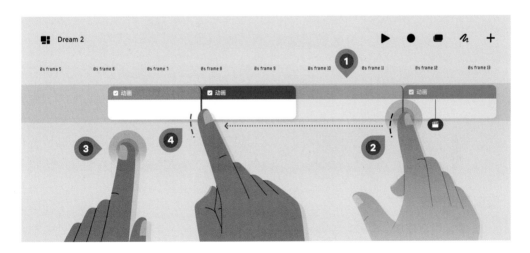

3. 单指双点缩放

连续单指双点时间轴上的任意位置，就可以将轨道或内容逐步放大至帧大小。逐帧绘制动画时，可以通过双点来对帧大小进行聚焦。

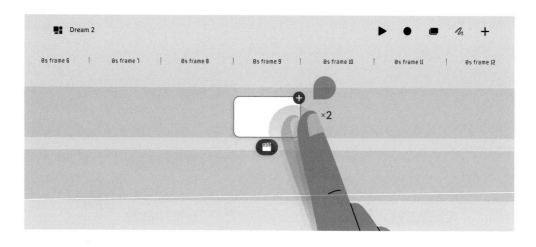

4. 三指水平缩放

双指捏合的方式可以缩放时间轴的轨道和内容，这种缩放方式会进行等比例缩放。而三指左右滑动可以只对轨道和内容进行水平缩放，三指向左移动①可以压缩整体内容以显示更多时间段②，从而全览整个时间轴；而向右移动可以拉近时间段，有助于调整内容的细节。

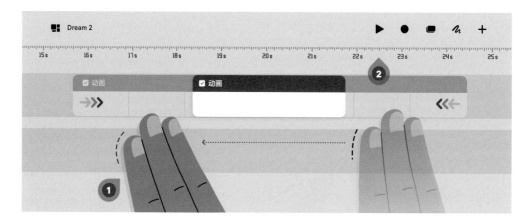

5. 三指垂直缩放

三指上下滑动可以缩放轨道和内容的纵向宽度。三指轻点并向下滑动①，时间轴上的内容和轨道的高度就会进行压缩②；向上滑动则可以增加内容高度来显示更多的内容画面。

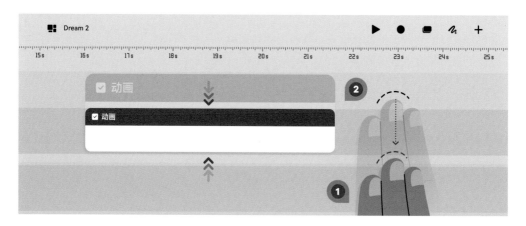

1.4.3　舞台手势

　　Procreate Dreams 也为舞台设计了独特的手势。通过手势操作可以使内容贴合对齐舞台的中心和边缘，可以使内容以 30 度的增量进行旋转，还可以使舞台快速切换到全屏预览模式。

1. 启用对齐

　　轻点内容出现边界框后，按住并移动手指①，此时用另一根手指轻点并按住舞台任意处②，即可启用对齐功能（一定要在进行位移后再用另一根手指按住舞台，如果同时按住则会触发撤销操作）。对内容既可以贴合水平和垂直的中心进行位移③，也可以贴合舞台边缘和中心边缘进行位移④。

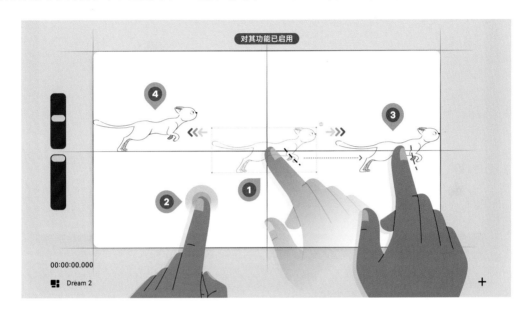

　　当在对内容进行旋转时①，同样可以使用该手势来启用对齐功能，以 30 度增量围绕内容锚点进行旋转②。

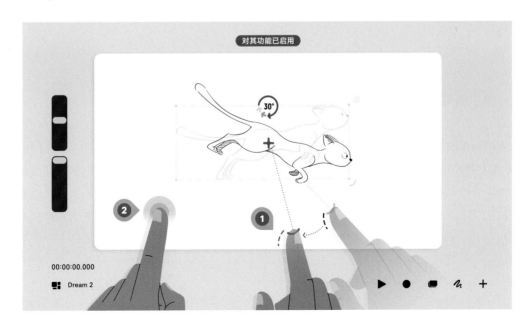

2. 全屏预览

我们在制作动画时，四指轻点屏幕①，舞台就会进入全屏模式。然后通过单指左右平移可以快速
预览②，直接轻点屏幕下方中心的播放按钮也可以进行预览③。

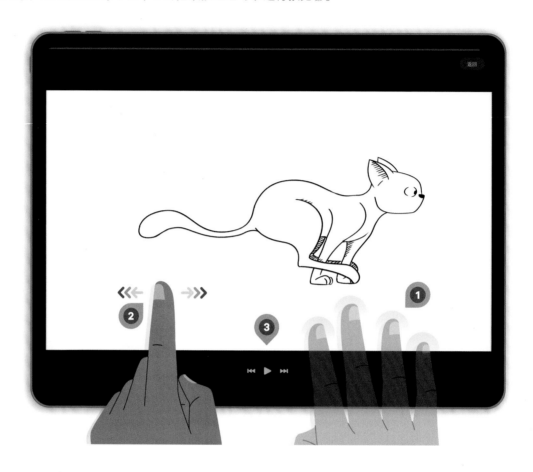

最后再次通过四指轻点屏幕即可退出全局预览模式。

1.5 动画练习实战

动画就是通过一系列连续的单独帧来呈现运动的效果。每一帧都是一个瞬时动作，当这些帧以适
当速度连续播放时，生命力就出现了。接下来就请大家通过几个简单的案例来学习如何在 Procreate
Dreams 中进行动画制作，这些练习都会使用相对简单的线条来表现，即使没有绘画基础也能快速上
手。通过对案例的练习，你能更熟悉逐帧动画、关键帧动画的制作过程，从而可以更好地融入本次动
画旅程。

1.5.1　水龙头滴下的水滴

观察是动画师的第一个老师，从生活中观察大多数物体的运动规律，通过分解它们的动作并记录下来，就足以制作一段有趣的动画片段。例如，因没有关紧的水龙头而滴下的水滴，它的运动规律十分有趣。通过观察可以将其分解为 3 个部分：水流压力逐渐形成水珠，重力使水珠垂直落下，碰撞地面溅开水花直到消散。整体节奏从缓慢到快速，运动参考线如下图。

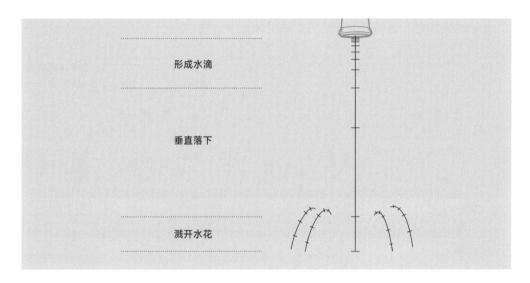

接下来请跟随我在 Procreate Dreams 中使它顺利地滴落下来。

① 在剧场中创建一个新影片（你也可以选择 9:16 的社交媒体竖屏，在完成练习后就可以发布到小红书或抖音），帧速率选择 12 帧①，时长选择 2 秒，然后直接轻点"绘画"进入②。

2 在动笔前，可以在 Procreate 中先绘制好运动轨迹参考线和上方的水龙头（参照前文提供的插图进行绘制），然后以照片形式导入时间轴中，并放置在逐帧轨道下方③。

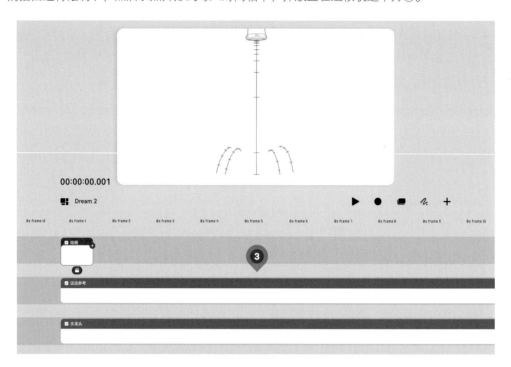

3 根据参考线绘制第一帧动作④，别忘记打开洋葱皮⑤。

4 轻点内容右侧的"+"新建一帧⑥，接着继续按照参考线向下绘制⑦。

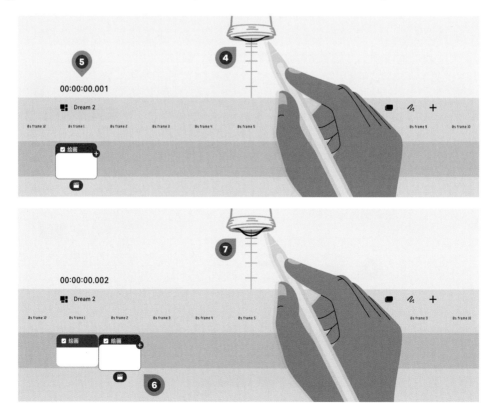

5 再次新建内容帧直到完成水滴动画的第一部分（形成水滴）⑧。由于水滴自身重力逐渐大于表面张力，因此水珠在落下过程中会逐渐拉伸⑨。

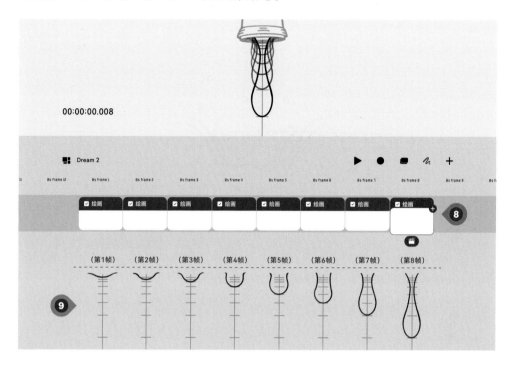

6 继续新建帧，画第二部分（垂直落下）。随着重力不断增强，最终水滴断裂⑩，没有张力的束缚，水滴会快速落下 ⑪。

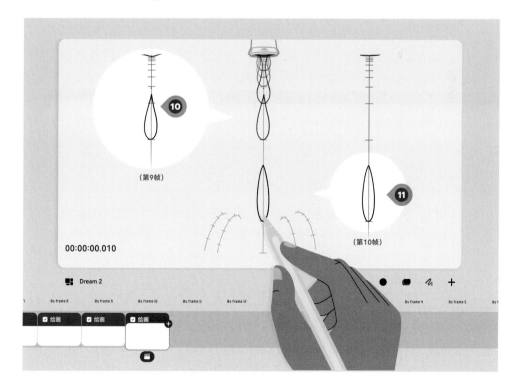

7 完成了前两个部分后，再次新建帧，绘制最后的部分，即碰撞在地面的水滴溅出漂亮的水花。

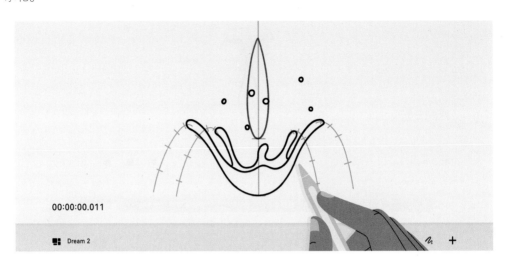

8 再次新建帧，将水花因为重力再次落下的动画绘制出来。

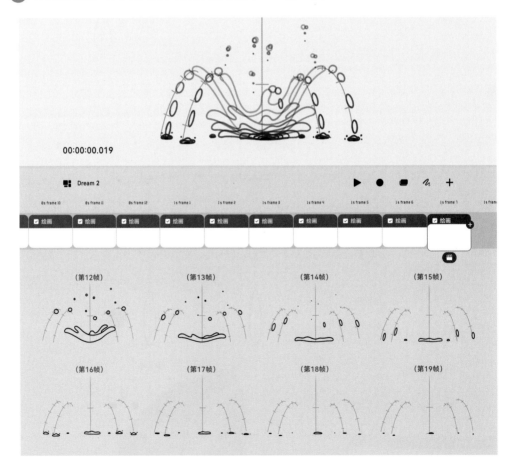

本小节用 19 帧完成了水滴溅落的运动动画，绘制完成后就可以按下播放按钮来查看这段动画。轻点影片名称进入项目设置①，还可以将这段有趣的动画分享给你的朋友们②。

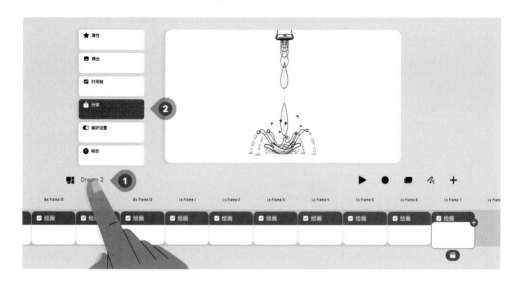

水滴从水龙头滴下的整个过程是一个动态平衡的过程，在观察时要考虑水的流动、表面张力、重力、空气阻力、水滴的形态等多重因素来进行表现，这样会使整个动画更为生动。

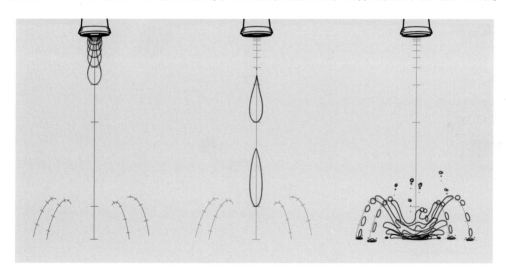

1.5.2　小鸟在天空飞翔

本小节我们练习绘制一个在天空中飞翔的小鸟动画，并加入一些关键帧来使整段动画更富有空间感。

1 创建一个影片进入逐帧绘画模式，帧速率选择 12 帧 / 秒。小鸟飞翔由展翅和向下挥动两个部分组成，所以首先画出一只展翅的小鸟，再新建轨道画出第一部分向下挥动翅膀的运动参考线①。小鸟在向下挥动翅膀时会产生升力，所以身体会向上升高，以眼睛为参考点为身体绘制运动参考线②。在绘制参考线时可以用手模拟翅膀挥动，找出时间节奏。

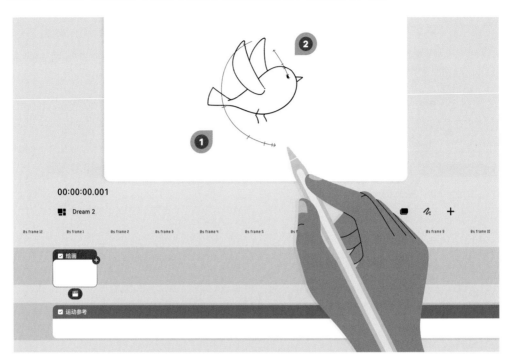

2 根据参考线画出小鸟挥动翅膀飞翔的第一部分，绘制身体时也根据参考线进行一定的升高。注意，在绘制时尽量保持小鸟形态的一致③。

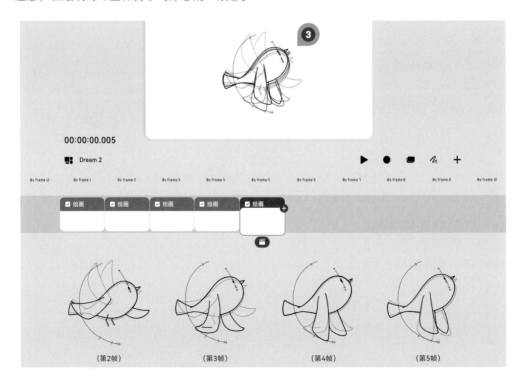

(第2帧)　　　　(第3帧)　　　　(第4帧)　　　　(第5帧)

3 新建轨道，画出第二部分（再次展翅）的运动参考线来绘制循环动画④，在升力衰减后身体会随着重力下降，因此继续以眼睛为参考点绘制一条向下的运动参考线⑤。

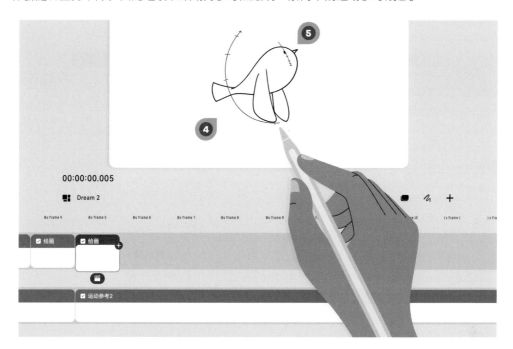

4 继续新建帧画完第二部分的动作⑥。

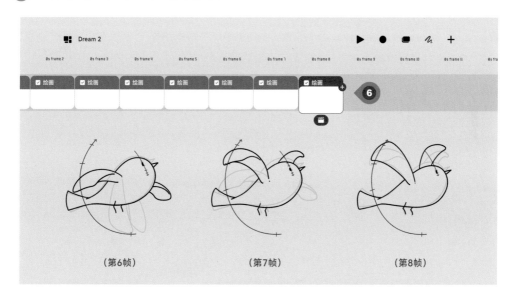

（第6帧）　　　（第7帧）　　　（第8帧）

5 小鸟飞翔的循环动画绘制完成后，可以轻点播放按钮来查看效果。确认动画效果后，接下来为这段动画添加一些元素并加入关键帧来增强空间感。首先进入"时间轴编辑"模式⑦，选中所有绘制的帧⑧，长按进行打组（⑨⑩）。

6 长按组合进行复制，得到 3 段小鸟循环动画（⑪ ～ ⑬）。复制组合的作用是增加循环动画的时长。

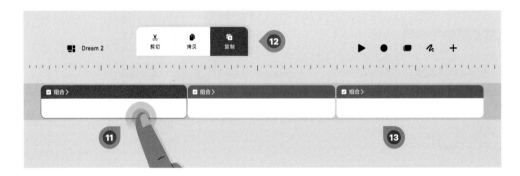

7 新建两个轨道，分别绘制云朵，一层放在小鸟上方作为远景 ⑭，一层放在小鸟下方作为近景 ⑮，小鸟则在中景位置。通过加入云朵，增强了动画的空间感。

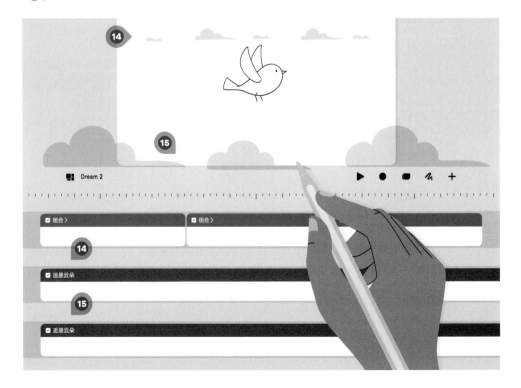

8 绘制完云朵后，为它们添加关键帧，使小鸟在天空中飞翔。将播放指针放置在远景云朵内容开始的位置，轻点播放指针设置移动关键帧 ⑯，然后将云朵向右侧移出舞台 ⑰。接着在动画结尾处再次设置移动关键帧 ⑱，然后将云朵向左侧移动并移出舞台 ⑲。

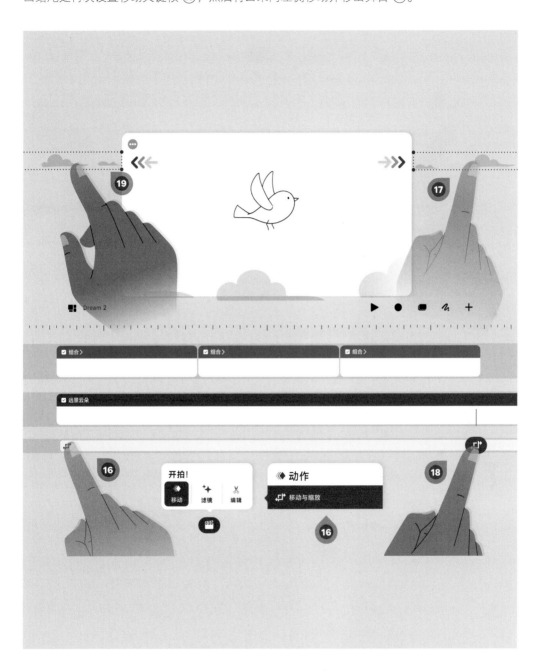

> **提示**
>
> 因为小鸟是匀速飞行的，所以这里关键帧的动态过渡需要设置成线性，长按关键帧轨道设置即可。

9 对近景云朵设置同样的关键帧。

这里我们需要考虑到空间透视效果，就像我们坐在行驶的高铁的窗户旁，看到的远景比近景移动得更慢一些。我们可以通过播放来查看节奏是否合适，在两个关键帧位置不变的情况下，两个图像位置距离越远，移动的速度则会越快，反之则越慢。移动节奏调整合适后，小鸟在天空飞翔的动画就完成了。当然，你也可以将云朵画成大树、高楼等。

相信通过这两个简短的动画练习，你能够更熟悉 Procreate Dreams 的操作，同时也能够感受到二维动画的魅力。

第 2 章

二维动画原理与演示

　　在上一章中我们学习了如何使用 Procreate Dreams，并进行了逐帧动画的练习，不过这对成为一名动画师来说还是远远不够。所以从这一章开始，我将带你正式来到这趟旅程的起点，了解动画的基本原理和准则。

　　动画的产生是基于持续视觉效应，利用人眼在一定时间内保留图像的特性，通过快速并且连续播放静止图像来产生动态效果。这种视觉效应是由于我们的眼睛在短暂时间内保留了之前图像的痕迹，使得连续播放的静态图像看起来像是在运动。

　　真正将动画这种艺术形式带到大众面前的则是迪士尼影业的创始人华特·迪士尼，他用米老鼠这个卡通角色开启了一个多彩的动画时代。直至今日，动画在全球范围内产生了不同的文化和风格。中国的剪纸动画、日本的动漫、欧洲的线条风格、美国的卡通片等在世界范围内均产生了深远的影响。这些不同的风格和文化元素，使得动画这门艺术更加丰富多彩。

2.1 逐帧动画

　　早期动画制作是一个十分烦琐的过程，动画师在纸上绘制出每一帧画面，接着通过手翻纸张来检查运动是否流畅，最终通过逐帧扫描制作成胶片。这不仅对动画师的技艺有着极高的要求，还需要足够的耐心。正是这种持续的积累和锻炼，才成就了许多杰出的动画大师。

　　随着科技的进步和技术的发展，原本的铅笔逐渐被电容笔所取代，纸张也逐渐演变成屏幕。然而，动画绘制的整体逻辑却始终没有改变。这种技术的进步并没有改变动画制作的本质，所以我们仍然需要精心设计每一个关键帧和中间帧来创造一段流畅而生动的动画。

　　二维动画制作是一个持续优化的过程，动画师绘制的每一段动作都是由关键帧和中间帧组成的。由此可见，深入理解和灵活运用关键帧和中间帧是至关重要的。

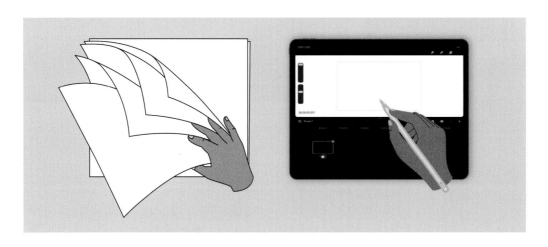

2.1.1　关键帧和中间帧

　　关键帧就是动画中用来定义重要动作或具有变化意义的画面的特定帧，中间帧则是填充关键帧之间空白的过渡帧，使得动画呈现出流畅的运动效果。它们是动画中的基础概念，更是动画师在创作中不断优化、创新的关键一环，对于创造出生动、流畅的动画效果至关重要。

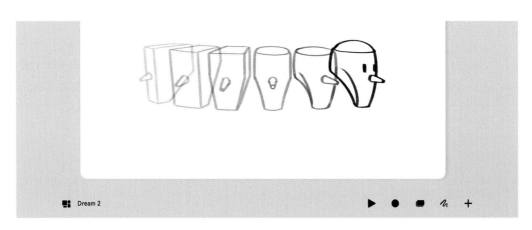

1. 关键帧（Keyframe）

关键帧定义了动画中的关键动作、转折点或有意义的变化。早期的二维动画公司会专门设立关键帧动画师岗位，由关键帧动画师设计并绘制好动作关键帧，再交由中间帧动画师去补齐中间过渡的帧。在绘制关键帧时，动画师需要明确规定角色或对象的具体位置、姿态、尺寸等属性。而作为独立动画师，这两个工作都需要独立来完成。为了绘制出让人们认可的动画作品，在优化每个关键动作上花费更多的时间必然是值得的。

我们在设计一段动作时，通常会将关键帧设置在动画序列的起始帧和结束帧。这两个关键帧定义了动作的初始和最终的关键状态。假如要表现一次从左至右的转身动作，动画师首先需要清楚开始和结束时是什么样子的，这将为动画提供清晰的方向和起止点。

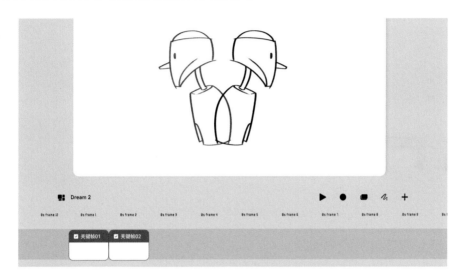

其他关键帧则可以决定动画从开始到结束的中间过程的变化，通过在转身动画中加入第3个关键帧，我们能得到一个正常的转身动作①，也能得到一个向前倾的转身动作②。

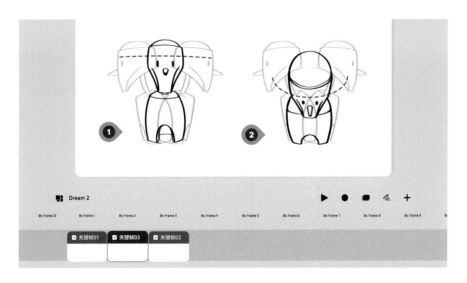

综上，通过为开始和结束绘制关键帧来确定一段动画的主要方向，再通过绘制新的关键帧来为这段动画定义行为。

2. 中间帧（Inbetween Frames）

如果说关键帧决定了动画方向，那么中间帧就决定了整个过程。中间帧是位于两个关键帧之间的帧，用于实现关键帧之间的平滑过渡。中间帧需要参考关键帧进行绘制，填补关键帧之间的空隙，使动画能够呈现出连贯、流畅的效果。

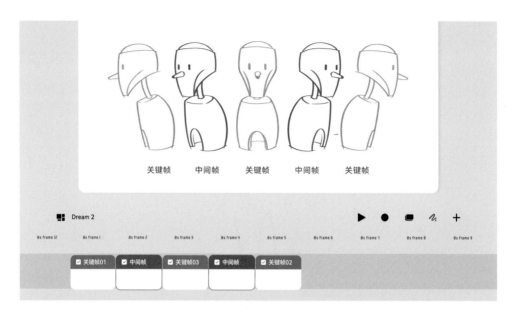

2.1.2　运动规律和时间节奏

我们的世界中每个物体都有着独特的运动规律，这些规律从我们第一次睁开眼开始，就在帮助我们形成对这个世界的基本认知。举个简单的例子，下图中有 3 个同时落下的球体，即便我不告诉你它们分别是什么，相信你也能通过观察它们的运动规律认出它们。不同的运动规律形成了不同的视觉特征，使我们产生了对不同物体特性的直观认知。

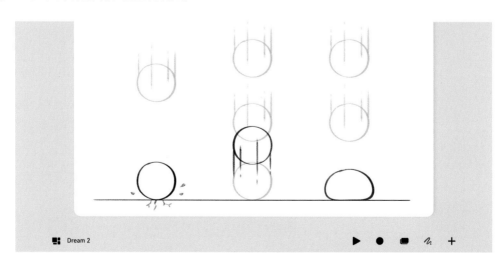

那我们要如何在观察世界的同时去记录这种运动规律呢？有个实用的记录方法，就是在绘制逐帧前画出一组标记线，也就是动画师经常用来重现运动规律的动画标尺。动画标尺的作用就是标记出动画的时间节奏。在动画标尺中，每个中间帧都对应着一个标记。例如，在一个球体平移的运动中，中间帧的排列和数量将决定它的平移速度和节奏。中间帧越少，移动的速度就会越快①，反之则越慢②。希望你能记住这个规律。

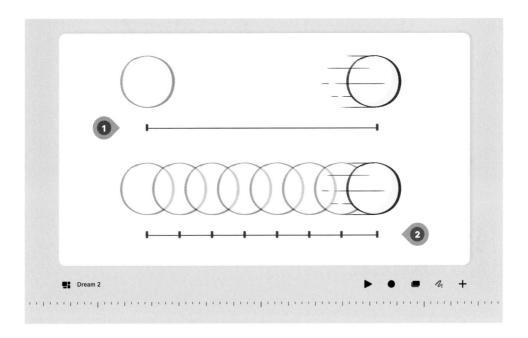

大多数运动都不是匀速的，过程中要么会加速，要么会减速。就算是没有生命的机器，只要它存在于自然环境中，就必然会受到重力和惯性的影响，从而产生加速和减速。我们同样可以从球体平移的动画标尺中看出这种变化。在上图中标尺上方左侧增加标记数量，决定了球体平移将会从慢速到快速③，而下方右侧的标记数量增加，则使球体从快到慢④。

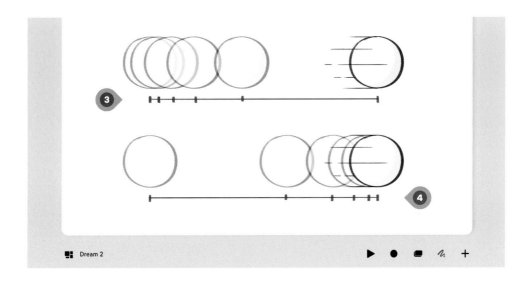

最常用也最自然的运动规律之一，则是从慢速开始，到中段加速，再到慢速终止。

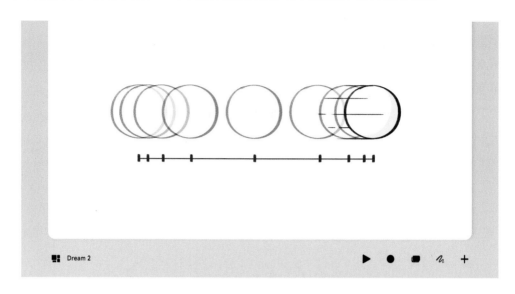

2.2　从行走理解动画

　　为什么很多动画书籍或者视听教学都会从行走这个案例开始讲起呢？因为不论是两足动物行走还是四足动物行走，想要画出一段足够好的行走动作，其实是件不易的事。因为它包含了几乎所有动作中都会运用到的元素：力学、弧线和时间节奏。你若能画好一段足以让人认可的行走动作，你就一定有能力完成其他所有动作！

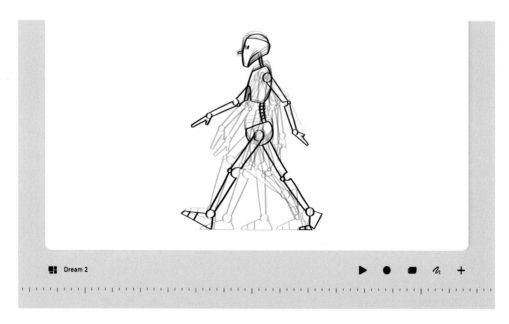

2.2.1　行走规律

　　虽然好的行走动作不易创作，但了解行走的规律将使你更加容易上手创作。接下来，我将行走动作分解成两个部分：左腿组①和右腿组②，以帮助你更清晰地理解行走规律。

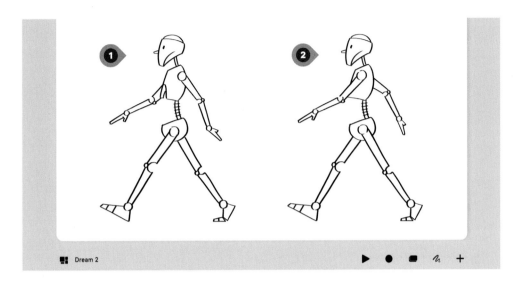

　　首先，我们将接触地面的腿称为着力腿，抬起的完成跨步的腿称为自由腿。正常行走时，通常着力腿会承担全身的重量来使身体平衡，好让自由腿跨步来完成行走。生活中我们会在原地静止，然后迈步行走。但在动画中，更多的会让角色的做循环式行走（走步机式行走）来适配场景，所以这里无须为静止站立绘制关键帧。

　　接下来分解第一部分的动作组成，第一部分由 4 个动作（4 个关键帧）组成。

1 绘制一个左腿在前的大跨步动作①。

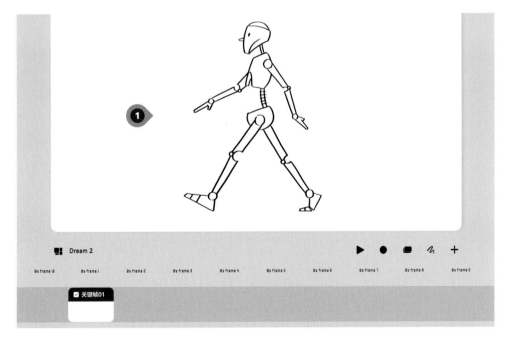

2 左腿着力，右腿为抬起做准备②。

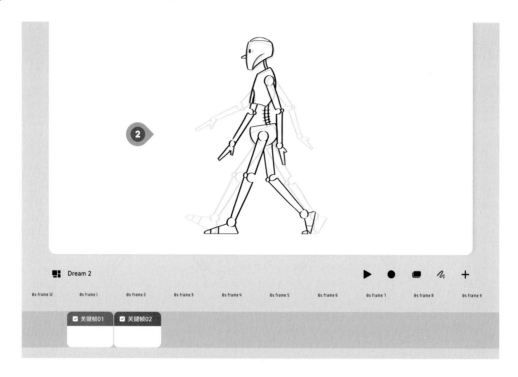

3 左腿完全站直，右腿抬起③。

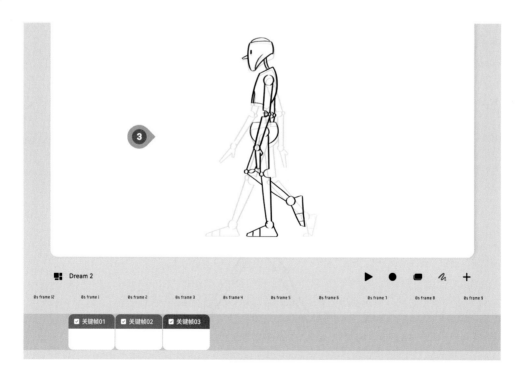

4 右腿跨出④，这样就完成了第一部分中自由腿从着力到跨出的几个动作。

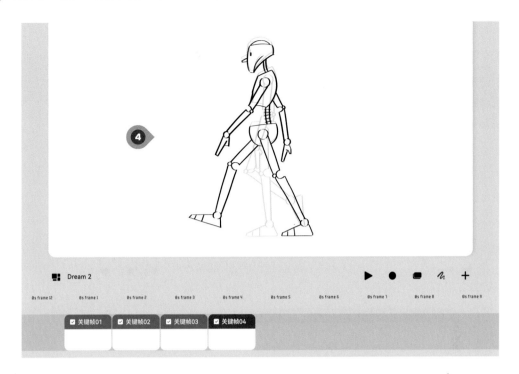

5 继续完成第二部分的动作分解，这次我们画出右腿在前的大跨步动作⑤。

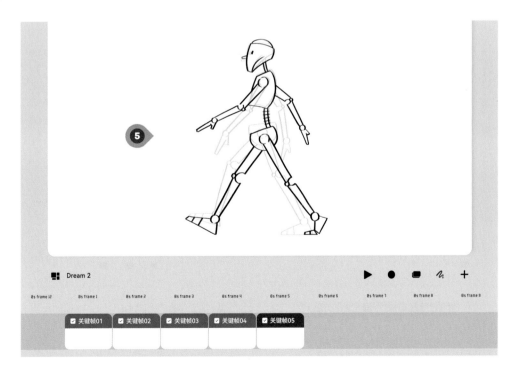

6 右腿着力，左腿为抬起做准备⑥。

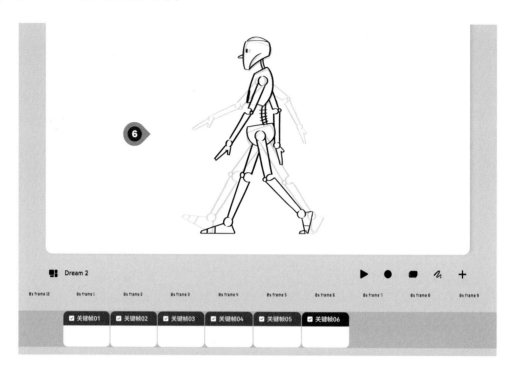

7 右腿完全站直，左腿抬起⑦。

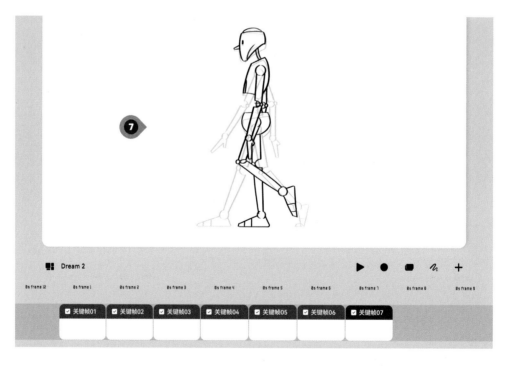

8 左腿再跨出⑧，完成第二部分的分解动作。最后跨出的左腿会刚好衔接上第一个大跨步的左腿，从而完成一个走步机式的循环行走动画。

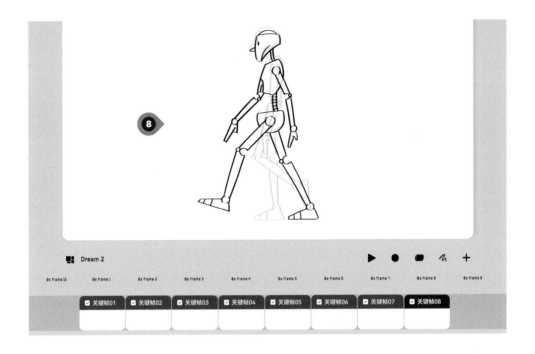

为什么我会将行走动作分解成两个部分呢？如果你细心观察，就会发现两组（两个部分）的动作姿态是完全相同的，也就是说，你可以通过参考第一组动作①直接绘制第二组动作②，你也可以直接复制过来调整左右腿和手臂的前后关系来完成整个行走过程。

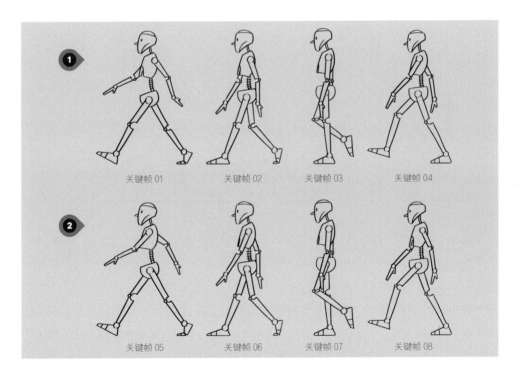

然后，我们可以在关键帧之间加入更多的中间帧来使整个行走过程更为流畅。上例中的关键帧姿态适用于大多数两足动物的行走，不过在你熟悉完行走规律，准备拿起画笔开始练习之前，你还需要了解以下关于行走动画的几个重要准则。

2.2.2 重心平衡

行走的关键在于重心的位移，当抬起脚迈出步伐时，重心便开始随着身体的调整而向前推移，再由抬起的脚向前落下时找到新的平衡。如果没有重心的位移，那将无法完成正常行走。我们在儿时学步时经常会摔倒，就是因为没有掌握重心和平衡！由此可见，整个行走动作就是不断调整重心和寻找平衡的过程，你肯定也不希望画出一个还在学步的人物角色。接下来通过上文中绘制的关键帧动作来分析行走中重心和平衡的变化。

在第一个跨步动作中，身体的重量平等地分散在两个着力腿上①，红色虚线表示重心的位置②，下方红色块代表重量值。重心需要时刻保持在中心位置来使身体维持平衡。当身体开始向前移动，此时整个重心也随着身体向前位移③，这种变化中左腿将承受更多的重量来维持新的平衡④，完全贴住地面的脚掌和逐渐伸直的左腿都在表现出重量的变化。我们可以通过脚掌接触地面的面积来表现左腿所承受的重量在增加，就像逐渐抬起的右腿脚掌表现出承载的重量在减少⑤。在绘制行走动画时，平衡和姿态的关系尤为重要。

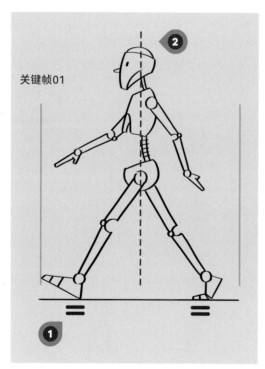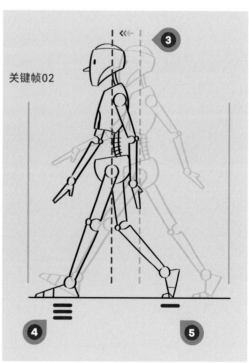

继续分析接下来的关键动作。随着身体继续向前移动，重心位移到了左腿的正上方⑥，此时左腿脚掌承受了身体所有重量⑦。左腿也和身体形成了新的平衡，这种平衡使得右腿可以不再受力，从而抬起准备跨出。如果我们是绘制正面的行走动画，那么整个姿态还会向左腿方向进行一定左倾来表现这种平衡。下一个关键帧动作，身体会继续向前移动来打破此时的平衡并完成跨步⑧，而左腿所承载的重量⑨会随着重心位移而减少并分配一些给右腿⑩来寻找新的平衡。

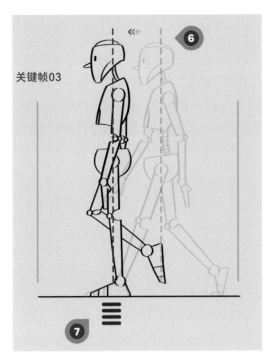

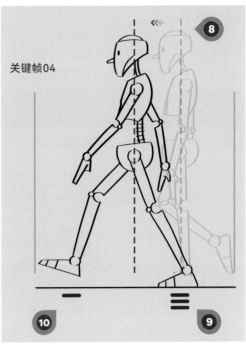

最后完成跨步动作，重心的位移 ⑪ 再次使身体的重量平等分散在两个着力腿上 ⑫ 并形成了新的平衡。

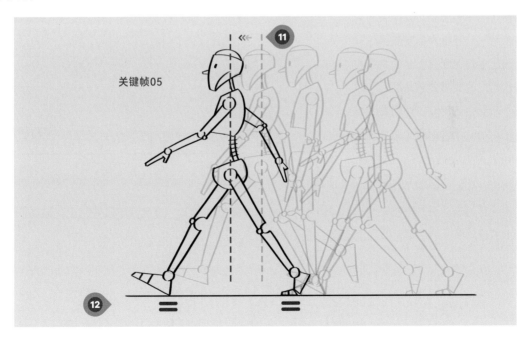

这个跨步过程，表现出了重心和平衡在行走中的关键性，以及如何通过绘制不同的身体姿态来保持平衡。我们在观察真实的人类行走时，会发现他们的腿部在脚掌着地时会呈现弯曲状态。这种弯曲是为了保护膝盖而自然产生的缓冲动作。所以在表现平衡时，切记不能绘制出僵硬笔直的腿部，需要更加注重呈现出适当弯曲的腿部状态。

综上，准确的重心位置以及平衡的身体姿态，对于行走动画来说至关重要。

2.2.3 弧线

　　在生活中，大多数的摆动都遵循着弧线运动，行走动画也是如此。我们身体的各个关节都像是圆规固定在纸张上的那根针脚，使其连接的部位在摆动时做着弧线运动。只是关节和身体的连接构造不像针脚那样完全固定在纸张上，它会随着身体的摆动而进行一定的偏移。你可以通过摆动自己的手臂来观察这种弧线运动。我们没有《海贼王》中路飞那样伸缩自如的身体，所以遵循真实的身体结构和物理定律也是制作行走动画的重要准则。

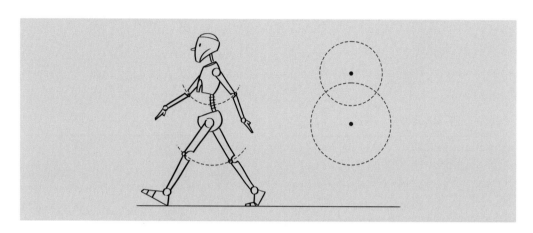

　　基于行走中的弧线运动，我们身体会产生一些变化。其中较为容易被忽视的，就是身体受弧线运动影响而产生起伏变化。这通常是由于用来着力的脚掌接触地面后，就相当于圆规中的针脚，使得臀部进行弧线运动从而带动整个身体上下起伏。

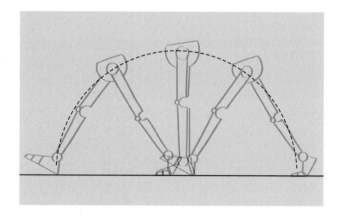

　　在绘制行走动画时遵循弧线运动，能使你的行走动画更为真实、自然。所以开始设计姿态前要试着找出主要关节，然后运用弧线运动画出正确的摆动姿态。

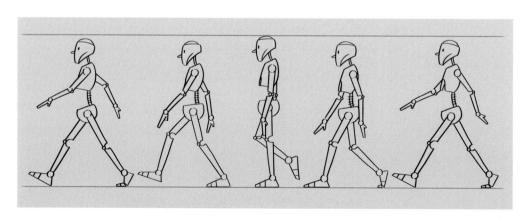

2.2.4 惯性

惯性是力学中的一个基本概念，描述了物体对运动状态变化的抵抗力量。例如，行走动画中，手臂在向前摆动时，惯性会使手掌的摆动慢上半拍。不仅仅是手掌的变化，身体在向上抬起时，头部也会因为惯性而自然低下一些，相反，身体落下时，头部也会抬起一些。

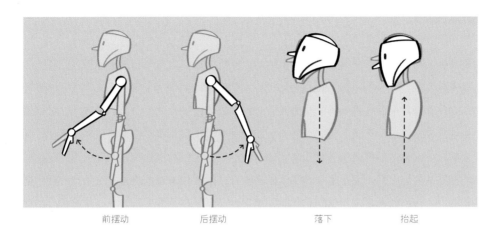

前摆动　　　　　后摆动　　　　　落下　　　　　抬起

你可以试着摆动手臂来观察这种变化。如果忽视惯性的表现，那么角色姿态将变得僵硬而奇怪。你可以将惯性理解为一种衰减和滞后效应，因为力在产生后会因对抗引力而逐渐减弱，同时也会导致运动的滞后。

2.2.5 情感状态

世界上不存在两个完全相同的行走方式，就如同指纹一样，独一无二。你可以在人行道上观察行人，来验证这种独特性。即便是同一个人，在不同的时期，由于身材、年龄、情绪和外界环境等多种因素的影响，也会呈现出截然不同的步行方式。当动画人物感到愉悦或沮丧时，其步行姿态也会有显著的变化。在愉快时，可能会昂首挺胸、大步行走；而在悲伤时，则可能低头、弯曲身体、压着腿行走。由此可见，个性和情感同样决定着角色的外在特征，因此在创作动作姿态之前要考虑清楚你想塑造怎样的一个人。

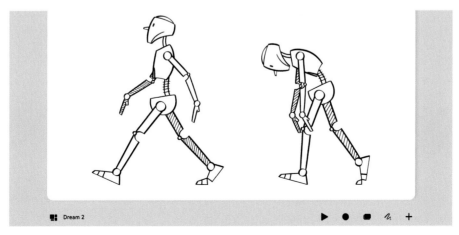

Dream 2

行走动画对于每一个准备踏入二维动画大门的人来说都值得认真练习。它是动画制作中较为复杂的运动。想要表现真实而自然的行走，除了熟悉原理和准则之外，观察和练习都必不可少。

2.3 动态张力

在我们日常生活中，每天都有很多不同的事物在运动着，从倒一杯水到下一场雨，从迁徙的蚂蚁到斑马线上通行的路人。这个世界好像从来没有静止过，即便再微小的角落也无时无刻不在散发着生命力。我一直认为二维动画是对生命的另一种表达方式，二维动画师就像传递生命力的使者，让那些原本静止的图像活生生地存在于另一个充满生机的世界中。动画师通过观察真实环境来塑造动画世界，但他们也只停留在观察阶段，因为他们需要拥有高于真实的表现能力。这种能力绝不是按部就班地将每一个真实环境中的动作捕捉并复制出来，而是超越真实，以夸大且富有某种表现力的方式来塑造动画世界中的每个事物。这种能力也叫作张力，它不仅仅是动画师笔下世界需要遵循的原则，也是漫画家、导演、编剧以及其他艺术家都需要遵循的准则。

2.3.1 挤压和拉伸

随着科技的发展，我们可以随时拿出手机去记录生活中的动态事物，然后通过电脑逐帧去观察，这种方法可以使你更容易地复刻出真实的关键动作。但如果你制作的动画仅仅只有复刻，那最终的动画成品必将枯燥无味。所以动画师的职责不仅仅是表现出准确的动作，更多的是需要使笔下的事物更具表现力和张力。那么如何使动画更具张力呢？其实通过改变物体形状就能很好地表现出动画张力。这里我绘制了两段跳跃的动画轨迹，一段没有进行挤压拉伸，一段应用了挤压拉伸。你可以在 Procreate Dreams 中分别复刻这两组帧，然后通过播放来观察它们的区别。

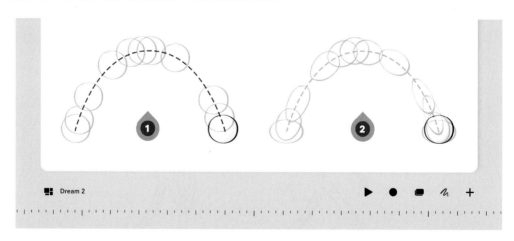

整个跳跃动作分为 3 个部分：发力跳起、衰减停留和落下触地。这 3 个部分的力量和速度都在发生着变化，通过挤压和拉伸就能够更好地表现出这一过程的力量感、速度和冲击力。而在过程中不断调整形状则能表现出力量和速度的大小。首先，在小球准备跳跃之时，通过向下挤压来表现出发力状态①。需要注意的是，在挤压和拉伸时要保持物体的体积一致。接着对跳起后的小球继续进行拉伸来表现其速度感②。当小球到达力竭的高度时，进行适当的挤压和拉伸可以表现出力量的衰减，再通过拉伸来表现出因为重力再次带来的速度感③。最后，对于落地的小球，可以通过挤压来表现出力量和地面之间产生的冲击力④。

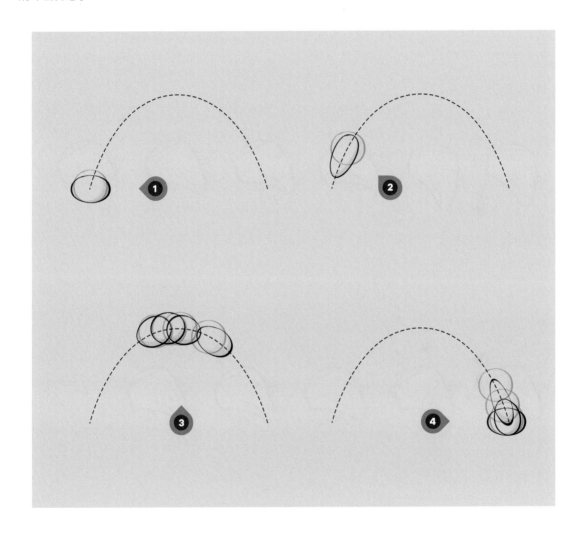

挤压在传达重力、冲击或碰撞等情况时特别有用。当一个角色从高处跳下时，在着地瞬间可以通过适当的挤压来强调冲击力，这样能使动画更加生动和真实。与挤压相反，拉伸是在物体加速和扩张时发生的，拉伸可以用来强调高速的运动，能使人们更清楚地感受到速度和力量。通过在动画中巧妙地运用挤压和拉伸，可以使角色和物体在运动中更加具有动感，也会使整体动画更具表现力。

2.3.2 跟随重叠

这个原则常用于动画中物体动作结束时。物体的不同部分可能会出现不同的速度和方向，跟随动作能让运动更合理、更真实。

跟随重叠是指当一个动作发生时，物体的不同部分会以不同的速度进行运动。

我还是用木头人来举例。假设它的头上有根天线，由于结构的不同，天线的运动会跟随身体并出现不同的运动规律。例如，当木头人抬头时，天线会因为阻力而慢上半拍，然后再跟随头部向后运动；在头部停止运动时，天线进行一定的重叠运动后才会停下。

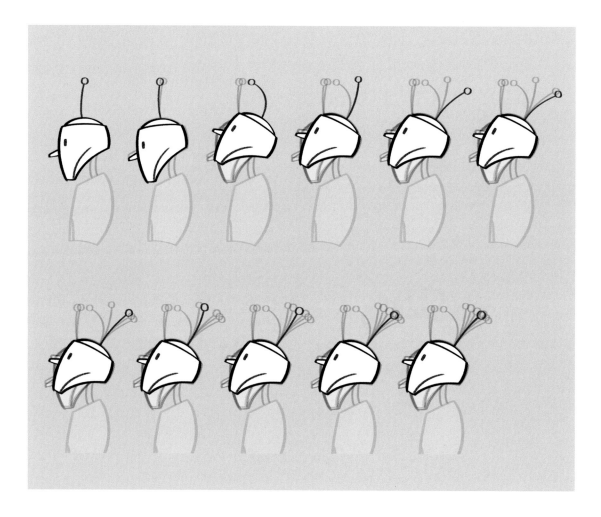

运用跟随和重叠动作有助于避免角色或物体在动作结束时显得僵硬或死板。跟随动作也在表现物体质感和弹性时发挥着重要作用，让观众更容易理解和共鸣。你可以仔细观察真实的运动，并运用跟随动作的原则来创造更引人入胜的动画。

2.3.3 蓄力动作

　　蓄力动作也叫预备动作，是指在进行大动作之前的准备动作。例如，当我们准备跳跃时，不会直接跳起，而是会先向后蹲下蓄力，再进行跳跃。这些准备动作能使观众对即将要出现的动作有个准备和预料。真实的生活中，大多数动作都会存在预备动作，为的是确保能够更有效地完成主要动作。在动画中增加预备动作能传达运动意图，使主要动作变得可靠。

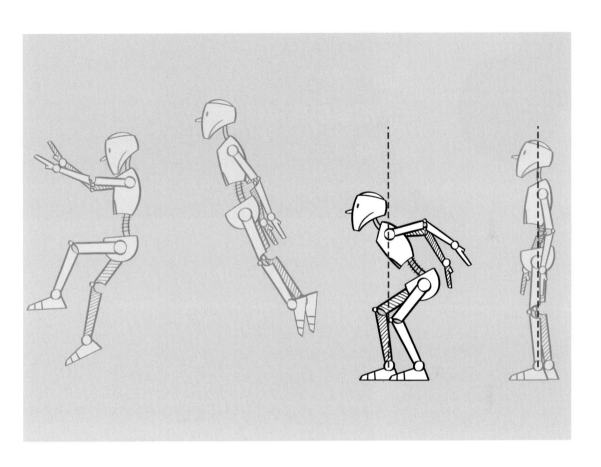

　　蓄力动作也有助于产生更平滑的过渡效果。通过在动作之前加入预备动作，可以缓解角色或物体的运动，使主要动作看起来更自然、流畅。

　　本章主要围绕动画制作中较为常用的原理和准则展开，所提到的这些原理和准则也许不够全面，但我相信通过理解并熟练运用它们，你的独立动画作品必定会变得更好。当然，你也不用要求自己第一次就制作出引人入胜的作品，因为我深信你在刚开始绘制动画时肯定会犯一堆错误。我想说的是，这门技艺本身就是需要在不断地犯错中逐渐熟练起来的。再次强调，成为一个优秀的二维动画师之前，除了要理解常用的原理和准则之外，细致地观察生活和大量地练习也尤为重要。

第 3 章

剧本创作入门与练习

在本章中，我将带领大家深入了解剧本的结构和原理，让大家对剧本写作有初步认知。本章中所提供的写作技巧和结构原理只作为一种启发和引导，而非绝对规则，更不是真理教条，只为帮助大家在创作自己的剧本时拥有更宽的视野和更多的选择。在这个日益创新的时代，剧本写作同样需要不断地创新和适应。

无论是动画电影还是真人电影，剧本结构在本质上是相通的，尽管后期制作过程有所不同。前者更注重场景视觉和人物动态的表述，而后者会更注重情节发展和人物对白的表述。然而，不论哪种形式，我们只要记住：所有剧本的任务都是讲一个好故事。

一个好故事就像玩迷宫游戏，入口和出口都清晰明了，而内部的道路曲折离奇。我们只有不断看见每次碰到的死路，才能找出那条唯一通向出口的生路。我总会拿这个例子来和剧本部门的同事交流心得，虽然这个比喻可能不尽完美，但它能表达出我对戏剧性的重视，它也的确每次都能提醒我在进行剧本创作时为人物角色设定障碍。大家想象一下，如果总能从迷宫入口一口气走到出口，哪怕这条路线再左弯右绕，那么这个迷宫也没人愿意再走第二遍。

3.1 基本原理

　　一部电影非常重要的环节之一就是剧本创作，而编剧是整个制作团队中最该被优待的艺术家之一。如果没有编剧的指引，那么再庞大的制作团队也会失去方向，再富有张力的动画人物，在完成剧本之前，都将无处可去！有时把编剧比喻成造物主也不为过，塑造合理的人物性格、特征、社会关系、经济状况甚至是死亡日期，这可不是每个人都拥有的能力。但要成为一个优秀的剧本师，就需要遵守剧本创作的基本原理，所以在创作之前，我们先来了解几个关于剧本的基本原理。

3.1.1 原理 1：剧本更注重视觉和声音

　　小说和剧本的不同之处在于，前者在表达人物和场景时几乎可以使用《现代汉语词典》中近九成的汉字，而后者只有五成甚至更少。从整体的文字数量就可以轻松地判断出两者的不同，小说注重笔法和描述，而剧本则注重视觉和声音。虽然这个比喻有些夸张，但真正能表现视觉和声音的汉字又有多少呢？小说家通过文字描述让读者去想象其所构建的世界（每个人根据文字转化出的画面也不尽相同，所构建的世界也会有所出入），而剧本师则需要先在脑中构建好世界，再使用精准而简洁的文字将它表现出来，最后交由制作团队制作出视听影像，好让观众能在荧幕中真实无误地看到剧本师所构建的世界。又或者说，小说家是通过描述将人物内心世界表现出来，而剧本师则是通过视觉音效将人物的外在行为表现出来。前者更注重事物内在，而后者则更注重事物外在。

例子 1

☑ **后院的清晨** ･･･

（小说家）　鸟儿还没醒来，阳光就从树叶的缝隙中穿过，

似个热情的油画家，为原本暗淡的森林画出了树干和树叶，

接着又画出了溪水和草地。

露水在草叶上露出微笑，清新的空气中弥漫着清晨的芬芳。

（剧本师）　清晨的后院，鸟儿在树枝上伸着懒腰，太阳缓缓升起。

例子 2

☑ **苹果** ･･･

（小说家）　来自北欧的顶级木匠亲手打造的胡桃木餐桌上摆着一个如鸡蛋般大小
的苹果，

它的皮肤充满生机，鲜艳的红色仿佛是大自然的一场盛宴，闪烁着微光。

苹果的表面光滑如镜，映射着周围的光线，就像是一颗红宝石镶嵌在餐
桌上。

当你靠近它时，能够闻到淡淡的果香，散发着清新的气息。

仿佛是大自然的杰作，完美的外形，饱满的曲线，散发着无限的诱惑力。

仿佛在无声地诉说着生命的热情和活力。

它安静而引人注目，仿佛在等待着那个能够欣赏它美丽的人来与它分享
这份纯粹的美味。

（剧本师）　胡桃木的餐桌上摆着一个曲线优美的苹果。

例子 3

☑ 后院的清晨　　　　　　　　　　　　　　　　　　　•••

小说家　在这个拥挤而又寂静的街道，一位盲人披着"束卡"站在人行横道旁。

虽然前方一片黑暗，但一种超越视觉的深邃感知指引着他。

车流和人群匆忙穿梭在他的耳边。

他闭着双眼聚焦着那条在有形世界中分隔行人与汽车的界线。

开始挥动着手中那根白色木棍，轻轻落在人行横道的起点，

仿佛与大地交换了一份不言而喻的问候。

他脚下的路面，不再仅仅是冷硬的地面，而是稀树草原上一条小道。

盲人挺直身体，脚步坚定得犹如马赛族人，仿佛听到了来自对面狮群的恐惧。

此时他的双眼是隐藏的宝藏，时刻凝视着草原的动向。

绿灯亮起，盲人迈出自信的步伐，街道成了他的领地，车流变成了河马，人群变成了羚羊。

盲人感受着地面的震动，他不时跳跃、转动、闪避，宛如在烈日下奔跑。

羚羊开始为他鼓掌，河马开始为他欢呼。

最终，他成功踏上了对岸，这不仅是一次穿越，更是一场征服自然的神奇景象。

剧本师　一位双目失明的动物学家手持白色导盲杖，周围车来车往，

绿灯亮起，盲人跨上人行横道，开始缓慢而自信地走过街道。

行人注视着他，车辆停下观看。

盲人抵达对岸，听到了来自行人的鼓励和车辆的停顿。

例子4

小说家 舒适的沙发上，静谧的氛围被一阵敲击声打破，即便隔着一堵墙都能听出节奏。

宛如一位宏大交响曲的指挥者在指挥一支隐藏于墙壁间的建筑交响乐团。其中包含着多种音韵：

有充满力道的鼓声，仿佛在墙面上跳跃舞蹈；

还有刺耳的响板声，这些声音汇聚在一起，营造了一种鼓舞人心的节奏，

仿佛在诉说着屋子内部的重生与变化。在这个静谧的环境中，

装修声成为一曲独特的交响乐章，为这座房子注入了新的生命力。

剧本师 一位交响乐指挥家坐在卧室的沙发上，

听到了隔壁木匠和瓦匠装修房屋发出的敲击声和刮擦声，

充满着节奏。

为了便于你更直观地理解剧本和小说的区别，我在写以上例子时的确带有批判的情绪。虽然我们在进行剧本创作时不会只是这么简单地去表达（关于剧本结构我会在后续内容中做出指导），但这的确是很多人第一次进行剧本创作时会犯的错误。如果你此刻正准备为自己的动画短片写剧本，那就时刻提醒自己，不要写那些观众根本看不见和听不到的文字，多余的描述只会让剧本显得业余且无聊。

3.1.2　原理2：塑造真实的角色

1. 同情和好奇

我在苏州工作的时候，经常会在周六的清晨7点左右（那时段的阳光无疑是最美好的），吹着微风骑行10公里左右来到金鸡湖南面的一个广场上。广场上一个遮阳的建筑下有张长椅，一般我会在那儿坐一上午，我清楚地记得有次遇见了这样一个人。

当时我正坐在广场的长椅上，看着金鸡湖慢行绿道上的人来人往，享受着独处时光，一个背着双肩包的青年男人向我迎面走来。我记得特别清楚，我们都没来得及相互介绍，他就毫不掩饰地向我倾诉着昨晚和母亲就自己长期失业在家而产生的争吵，因为落榜无缘进入心仪的院校而失去了方向，以及因女友出轨而不得不结束那段整整七年的恋情，甚至连银行卡即将见底的余额都迫不及待地让我知道……说实话，当时我并没有出于礼貌听他全部讲完，便推着自行车离开了广场。

为什么我会介绍这段经历呢？因为这个男人像极了剧本中所塑造的那些失败角色，这如同在剧本刚开始时就将人物情节所有信息都毫无保留地告诉了观众一样，不用去电影院观看由此制作出的影片，都能得知观众的脸上一定也写满了厌烦的表情，甚至他们会选择像我那样并不礼貌地离开观众席。

塑造一个有价值的角色向来是剧本的重心之一，而塑造一个让人能够产生情感共鸣的角色更是重中之重。如果那个男人真实地遭遇了这些事情，又或者他是个高明的骗子（从某种意义上讲，剧本就是由各种精密连接的谎言组合而成的，所有的一切都是虚构和想象的，当然，纪录片除外），他应该会这么去做：

"我正坐在广场的长椅上享受着独处的时光，一个满脸抓痕、嘴角破裂的陌生男人向我迎面走来。他在长椅的另一侧坐下，从背包中拿出了一本速写日记。男人神情恍惚，透露着无奈和迷茫，缓缓打开了速写本并呆滞地看着画满速写的内页。男人撕下了一页并揉成团扔在了地上，紧接着又撕下了同样画满速写的另一页，一张一张重复撕着……很快，长椅下多出了好多纸团，直到翻出一张夹在其中的照片，这才引起了我的注意，男人看着照片开始哭泣，哭得歇斯底里……"

我想此时那些坐在电影院沙发椅上的观众也会和我一样，充满对这个陌生男人的同情和好奇，因为没有什么比一个男人歇斯底里的哭泣声更能激发人们的同情心和好奇心了。这样一来，人们就会全神贯注地静待荧幕上即将要发生的故事。

一个情感丰富的角色不可能仅凭开场的十几句话便形成，他必须由故事情节一步步推进才能塑造出来。观众的情感共鸣使这个角色变得有血有肉，角色的每一个行为动作都有序地推进情节发展，这样的角色才富有生命力。

2. 人性的本质

现实世界中很少有绝对善和恶的人，不同的家庭背景、生活环境、父母的指引皆会让孩子形成不同的人格。每种人格都有着善良、同情、自私、嫉妒等多样的人性，而这种多样性的人格皆由爱、悲伤、愤怒、喜悦和恐惧等复杂情感交融产生。

一个情感丰富的人，在面对父母、伴侣以及亲友时会表现出爱意；在失望、痛苦和失去时会表现出悲伤；面对那些不公平带来的委屈和挫折会表现出愤怒；当感受到成功和幸福时会表现出喜悦；当遇到未知和不安全的威胁时会表露出恐惧。

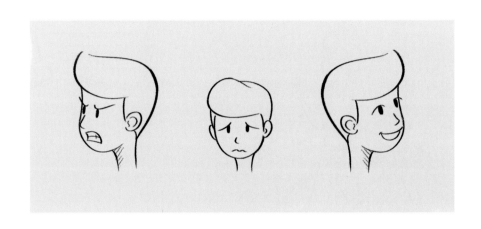

剧本中任何一个正面人物和反面角色都应该有着复杂的情感和人格。再邪恶的反派在亲情或爱情面前也能展现出温情的一面，再伟大的英雄人物也会因为想要维护成就和荣誉而产生过自私的念头，真实的人性本身就是复杂而多样的。

正如迪士尼动画电影《疯狂动物城》中的狐狸尼克那样，从一个对正义和理想充满向往的少年变成一个唯利是图的小人，最后又走回伸张正义的道路；或者如梦工厂的动画电影《坏蛋联盟》中以狼先生为首的罪犯组织，通过不断发生的戏剧性事件而一步一步向善转变，都充分地证明了人物角色的多样性能给观众带来真实感。而由著名导演吴宇森执导的真人电影《变脸》，无疑是给了观众一次关于人物情感反差最鲜明的诠释。演员尼古拉斯·凯奇所饰演的毒枭凯斯·特洛伊被设定为了绝对的恶人，而约翰·特拉沃尔塔所饰演的警官肖恩·亚瑟也算得上绝对的善人，如果剧本师只是这样标准化地进行人物设定，那么相信这部电影不至于这么出色。但剧本师巧妙地加入了变脸这个契机，为影片本身赢得了更多的观众。通常在一个人物角色身上，想要从十足恶转变成十足善是相当困难的，这对表演本身也是一种考验。不过在演员尼古拉斯·凯奇和约翰·特拉沃尔塔身上却做到了，当然，特洛伊从头到尾都是个十足的混蛋，但观众在同样的一具身体上看到了人性的两种极端，代入的情感是真实存在的。虽然他们彼此的身份都没有变，并且最终还是交换了回来，但这种反差的对比无疑在视觉上成功地完成了转变，并且让塑造出的人物更加丰满、真实。以至于到影片最后，换回脸的肖恩一身正气地站在家门口等待着家人迎接时，我仍然能想起他曾对警局女下属挤眉弄眼的样子。当然，这个电影对人物的设定本质上是没有遵守我们所讨论的多样性的，但它也的确做到了。

由此可见，一个真实的角色就应该是情感丰富的，就算是一个十足邪恶的人也应该要让他符合人性。我们在塑造人物角色时一定要注意对真实人性的表现，从生活中寻找样本是个不错的选择。

3.1.3 原理 3：观众的重要性

一大批人聚集在同一时间做同一件事情，很多时候就是去欣赏艺术性活动（某种意义上，世界杯也算一种体育竞技的艺术活动），比如，走进电影院。如果电影院没有观众，那么糟糕的并不是卖不掉的爆米花和可乐，而是一本格式简洁、人物丰满、情节紧凑的剧本，在某种意义上就像没有存在过那样，而通过其制作出的影视作品，也将没有机会触动到任何人，也不会令任何人感动。

观众对于剧本师而言就如同食客对于餐馆那般重要，我们需要的是活生生、有血有肉的观众，而不是孤独地自我陶醉和自我欣赏。再美味的菜肴如果没有人食用，美味也会失去意义。虽然写出值得观众捧着爆米花、端着可乐在一个没有多余光线的空间中坐满 100 分钟的剧本是一件极其艰难的事情，但这也是剧本存在的真正意义之一。我不是希望你为了取悦观众而去写肤浅、低俗的看点，从而忽略艺术成分，而是想说，对于剧本创作而言，观众和艺术同等重要。

3.1.4 原理 4：剧本的核心是戏剧性冲突

"如果说电影是一座高山，那么情节就是从山顶绵延至山脚的溪谷，而观众就是溪水，大地的引力让溪流沿着成形的溪谷自上而下准确地流向湖泊当中，正如同将观众从开始准确地引向结尾。这股自然的引力就叫戏剧性。"

"戏剧"一词的起源可以追溯到古希腊，"戏剧"（drama）源自希腊语中的"δρμα"（drāma），其意为"行动"或"表演"。在古希腊，戏剧是一种文学形式和表演艺术，这个词本身就蕴含着一种生动的表演和情节交织的意境。

而冲突是戏剧的核心，由它推动着故事情节向前发展。比如，清晨你慌忙地打开门准备赶去面试，但屋内的座机铃声突然响起。你一边担心错过重要电话，一边又担心面试迟到。此时出现的纠结和矛盾便是冲突的一种。又比如，两个人相爱了，但后来得知 A 的父亲和 B 的父亲很早就认识，并且相互讨厌。没错，我说的就是《罗密欧和朱丽叶》。蒙太古家族和卡布莱特家族之间的长期仇恨，成为罗密欧和朱丽叶爱情的最大障碍。两个人在面对来自家庭的对抗时，在家族压力和纯真爱情中苦苦挣扎就是整部剧最大的冲突。而冲突的转折点则是故事发展的关键时刻，它给予角色机会改变或面对挑战。无论是悲剧、喜剧还是其他形式，制造冲突都是一种引人入胜的艺术手段。

1. 发展和共鸣

角色的发展也是戏剧性中不可或缺的一块。观众与角色之间建立情感纽带并形成共鸣，能让角色丰满立体。动画中的角色应该有独有的特征和个性，通过经历冲突和成长来展现他们的发展。角色的内在需求和情感动机都要清晰可见，这样观众才能够理解和共鸣。《疯狂动物城》中的朱迪从一个理想主义者变成了一个更加成熟的警察，而尼克则从唯利是图的小人最终转变成朱迪的伙伴，这无疑让观众感受到了人物的成长和改变。《机器人总动员》中机器人瓦力通过简单的动作和表情，传达出了复杂的情感，也引发了观众的共鸣。

2. 张力与顶点

动画的情节需要巧妙的设计来建立张力，通过适当地设计悬念能很好地提升情节张力。悬念可以是隐藏的信息、突如其来的转变，或者是角色之间的矛盾以及意外性的发展。例如，《冰雪奇缘》中艾莎的冰雪魔法失控，她与安娜的情感冲突和最后的解决方案就使得情节更具有张力。

故事情节发展中最具有戏剧性的时刻被称作顶点（也称为高潮），它使一系列冲突事件升级并集中展现，能让观众情感高涨，变得紧张，从而期待故事的结果。《肖申克的救赎》中，在得知汤米的死讯和无法洗脱冤屈的事实后，安迪开始了逃狱计划，一系列冲突和转变逐渐推进了观众对安迪重获新生的期望，直到监狱长来到牢房发现安迪失踪时，整个剧情被推向了顶点。如果监狱长在之前一次到访安迪的牢房时就发现了藏在海报下的通道，那么之前所有冲突和转变都会和逃跑计划一起付诸东流。当时的观众如果能为安迪做些什么，我想他们肯定会去努力分散监狱长的注意力。当时那段剧情无疑让观众沉浸其中并提心吊胆地期待着故事往好的结局发展。

3. 意外性发展与转折点

在动画中添加意外性发展和转折点能够打破观众的预期，更好地表现故事情节的张力。这些转折点可以是角色意外的决定、情节上意想不到的转变或突发事件。《飞屋环游记》中老人卡尔和小男孩拉塞尔在冒险旅程中遇到的诸多意外和突发情况，让观众更加投入故事，同时也增强了故事的戏剧性。

4. 案例分析——《肖申克的救赎》

这部常年占据各个电影网站榜首的佳作，一直是我心目中最具有戏剧性的代表之一，其中包含了多个戏剧性元素。影片一开始安迪被判入狱（转折点），后因经历了同性恋伯格斯的不断骚扰，在反抗和妥协中挣扎（冲突）。起初的安迪并没有逃狱的念头，但身为地质学家的安迪发现了监狱中地质缺陷的问题，并且符合逃脱的条件（意外性发展），重获新生的希望（角色发展），但当汤米带来了安迪被冤判的真相后（意外性发展），安迪放弃了逃狱而选择了上诉重审案件（角色再次发展）。但监狱长的自私导致汤米死亡，让安迪再次失去了希望（意外性发展带来的转折点）。失去了希望的安迪在操场上和瑞德进行了对话并和狱友要了根绳子（制造悬念和紧张感），然后安迪消失在牢房中，将整个剧情推向了顶点的边缘。最后安迪的逃狱和监狱长的自杀一并将剧情拉向了顶点。安迪用巧妙的计谋揭露了监狱长的罪行，最终得到了应有的正义。

作为狱友的瑞德在安迪的影响下也逐渐改变了自己的看法，从经历的三次假释场景中便能很好地感受到人物的成长和情感变化。在年迈的布鲁克斯·哈特伦通过假释重新回到社会后，接下来发生的情节就为后续留下了制造悬念的空间。有着十几年监狱生活的布鲁克斯因为无法适应社会而最终在旅馆选择了死亡。瑞德重新回到社会后也经历了与布鲁克斯同样的不适应。这段情节的设计极富张力，它不仅制造了瑞德该如何做出选择的悬念，还诠释了希望的重要性，最终瑞德并没有选择死亡，而是留下了一张纸条并选择了拥抱希望，而这个希望正是安迪给予他的。重新找回对生活的希望，展现了人性的复杂性和转变，这种情感共鸣足以触动观众的内心。

故事的结尾，瑞德找到了自由，最终与安迪在夏普顿的海边重逢。两个人在自由的世界中重逢，这无疑是对观众最好的交代。

我们还能从很多优秀的电影中找到足够多的戏剧性元素，比如，《致命 ID》中一系列神秘的谋杀事件，为影片注入了戏剧性的紧迫感，通过制造悬念来促使观众探寻真相；《狮子王》中因为莎拉的阴谋，西蒙被迫流亡，这个转折点让流放之路充满未知的意外；《寻梦环游记》中米格误入亡灵世界，寻找自己失散的祖先；《蜘蛛侠：平行宇宙》中，迈尔斯从第一次变身蜘蛛侠面对的挑战和自我怀疑，直到最后的对决，他的成长和胜利都证明了戏剧性的不可或缺。

所以简单来说，戏剧性就是不断地去发生变化，变化得越多，出现的意外就会越多，就越能更好地引导剧情的发展，更好地塑造人物性格。好在我们真实的生活是乏味而单调的，否则我们将无法感受到戏剧性为电影艺术和文学作品所做出的贡献。

3.1.5　原理 5：主观情感表达

"艺术"一词源自拉丁语中的"ars"，意为"技巧"或"技艺"。在古代，这个词更多地被用来描述人类的创作能力。随着时代发展，艺术涵盖了绘画、雕塑、音乐、文学、戏剧等多种形式的创作和表现。

我有一位从事新闻编辑工作的朋友，也是多年的好友。有一次我们聚餐，聊到了如何撰写新闻稿件的话题，他当时跟我强调了"客观"和"准确"这两个词。

对于新闻行业来说追求客观事实、信息准确是基本的准则，每个记者和新闻编辑都应该以客观、准确作为基本的职业操守。所以我不否认客观、准确在新闻行业的地位，也完全赞同我这位朋友的观点。

但是在剧本创作中，我们应该尽量避开这两个词。如果你坚持以这个准则去创作剧本，那么最终观众能感受到的除了乏味就是低于体温的情感。剧本创作是艺术表现的一种形式，是一种高于客观、准确的主观感性。就像绘画艺术，哪怕再具象的画作，我们都能从中洞察到画家的个人主观意识，梵高的作品就很具有代表性。任何形式的艺术创作都应该基于个人的主观感受和情感表达，所以剧本不该单纯地传递事实真相，而应该主观地传递情感。

3.2　三幕式结构

在了解完剧本创作的基本原理之后，本节我们聊聊剧本的结构。亚里士多德最早在《诗学》中描述了戏剧的三幕式结构，后来这种结构被广泛地运用于戏剧、电影、小说等不同的创作形式中，包括演讲稿中都能找出三幕式的影子。三幕式就是我们常说的开头（第一幕）、中间（第二幕）和结尾（第三幕），它的设计能够让故事更具有逻辑性和吸引力，让故事的发展有明确的起承转合。这种结构的运用有助于构建引人入胜的故事，并引导观众在故事中紧跟情节的发展。

三幕式结构是剧本创作的基本形式，有很多人严格遵守了这个法则却忽视了另一个法则，就是故事中的每一个侧面和细节、人物和动作都需要实现两个任务：推进故事情节的发展、揭开人物的内在性格。

3.2.1　开头：两种方式

"很久很久以前……""我记得……""我来自……"，我想没有比以一大段深情的开场白去介绍故事背景来得更无聊了，直到现在仍然有很多非独白类电影这么开头。这种开头有多使人厌烦呢？它就像我在前文中所提到的那个陌生人一般。如果你不是想写一本回忆录，那么建议你一定不要这样开头。

故事情节应该由场景画面和人物行为去慢慢展开，而故事中的人物也应该看不见观众或者说无视观众的存在，然后谨言慎行并且认真地生活在剧本所构建的世界中。

如果开始一定要说点什么，那我希望可以学学《绿皮书》开头那简短的几个字："灵感来自一个真实故事。"没有比这更能引发观众期待和好奇的汉字了。

我认为开头通常有两种形式：场景开头（静态开场）和人物开头（动态开场），这很好理解。

1. 场景开头

场景开头通常会使用一段静态场景去展开。灾难片《后天》的开头展示了南极浩瀚的冰雪世界；《地心引力》以宏伟的太空视角来呈现地球；《普罗米修斯》的开头是俯瞰地球的壮观面貌。这些影片都有着同样一个特征，就是整个影片的基调是严肃的，当然，它们还有另一个相同的特征，就是都是超越日常生活的主题，从局部视角上升至全局视角。

如果你打算写一个关于环保主题的动画，那么以静态开场是个不错的选择。你可以从生态环境现状开始写起，比如，从描述无尽的蓝色海洋开始，紧接着描述太平洋的广阔，再到硕大的太平洋垃圾带，最后描述垃圾带中一个半漂浮的塑料瓶中住着磷虾一家。这样的开头既设定了深刻的基调，同时也拉开了故事的序幕。

2. 人物开头

这类开头通常会直接跳到人物生活的某个片段中，或某个正在发生的事件中。金凯瑞主演的《好好先生》就是一个很好的动态开场，从主角卡尔那平凡且乏味的一天开始。从无奈接下就站在影像厅对面的好友的电话开始，接着用各种明显的借口推脱好友的邀请，再到在影像厅挑选着几部反复观看过的影片，这个简短的开头就呈现出了一个消极、闭塞和拒绝变化的人物形象，以及他那单调无趣的生活。电影《香水：一个谋杀犯的故事》的开头也是个不错的动态开场。这是一部讲述人性和天赋的艺术电影，开场就直接跳到了主角身处的事件中。消瘦的格雷诺伊坐在肮脏的监牢内，唯有鼻头露出黑暗之外，从这里就抛出了影片关于气味描述的主题，并通过那异常灵敏的嗅觉，对监狱官和狱卒即将到来进行强调。紧接着监狱官和狱卒随着脚步声出现，带着愤怒的话语和恐惧的眼神将格雷诺伊从牢中拖向刑场。虚弱的格雷诺伊一路上跌跌撞撞，和用力拖拽的狱卒形成了鲜明的反差。监狱官站在被村民拥堵的监狱楼台上宣布着格雷诺伊犯下的种种不可饶恕的罪名，这些罪名和一脸无辜的格雷诺伊再次形成了反差。而审判结果引发的欢呼声和强烈的反差立刻引起了观众的好奇，观众仿佛在问，为什么这个人要被处以死刑？这个动态开场建立了角色和观众的联系，并使观众置身于故事之中。

静态开场更容易营造出严肃的基调，塑造出富有使命感的角色。通过慢节奏的场景，能够为影片设定沉稳和深刻的基调。动态开场则更侧重于展现角色个性和故事张力。通过快速地跳入生活或事件中，能够高效地揭开人物性格和故事背景。

这两种开场对于剧本开头的创作都是有效的技巧，在开始剧本创作之前，你可以先思考下故事的主题和基调，再选择一个更适合的开场。如果你的主题是围绕着情感和生活的，那么动态开场会比较合适；如果你的主题需要有深刻的基调和宏观的视角，那么静态开场更为合适。

不管选择哪种开场方式，重要的是确保开头与故事整体保持完整。无论是静态开场还是动态开场，它们的目的都是讲述一个引人入胜的故事，触动观众的心灵。

从哪里开头较为合适？如果要写一个工作、婚姻双双失败的男人再次收获爱情的故事，从金融危机如何导致男主被迫离职，再到失业如何导致婚姻变故开始写起的话，显然比亚里士多德所说的真正开头要早了很多，好的做法是直接跳到他初遇女主角。因为在这个故事中，失败的工作和婚姻并不是主要的焦点，真正的焦点应该是男主角如何在糟糕的生活中再次找到爱情和自我价值。从他初遇女主角开始写起，不仅为故事设置了一个清晰的方向，并且直接引入了故事的核心——收获爱情。

例如，可以从颓废的男主在公园里偶遇女主开始。他为了摆脱生活的烦恼来到公园散心，而她可能正在那里写生或者读一本书，这样的邂逅能为两个人的关系埋下伏笔。相较于一开始就详细介绍他的失败生活，直接通过与女主的互动来逐步展现他的过去更引人入胜。后者能够使观众随着故事的发展逐渐了解人物角色，也为展现男主的个人成长和变化提供了空间。通过与女主的相识和相处，他不仅重新找到了爱情，还在这一过程中重新发现了自己的价值和生活的意义。总之，一个好的开头便是我们什么都无须知道。

3.2.2　中间：故事的灵魂

中间在哪里？我曾和大多数人一样，试着找过开头和中间所谓的边界，但事实证明它并不存在。

开头和中间就像渐变颜色条的两端，一个故事的整体性要求它们相互融合，就像两种颜色自然过渡那般。当然，如果一定要有个区分，那我认为冲突出现时，开头就算是结束了。任何一个出色的故事，开头和中间衔接处应该是浑然天成的。例如，《阿甘正传》中，开头和中间部分的过渡，便是通过阿甘生活的连贯性和递增的复杂性实现的。电影巧妙地利用阿甘的叙述，将观众从他的早年生活引入到了他成年后的各种经历，使得开头和中间自然融合，形成了一气呵成的叙事结构。

如果只用 100 个汉字来写剧本，我会使用 10 个字描述开头，再用 10 个字描述结尾，而剩下的 80 个字全部用来描述中间部分。

一个故事的深度、复杂性、角色发展、冲突变化以及故事情节的推进，都需要在中间部分去展现。这部分也正是观众投入情感和体验故事张力的地方。当然，我们不是一定要去追求简短的开头和结尾，而是需要知道重心都存在于中间部分，中间部分是故事的灵魂，它连接着开头的引入和结尾的高潮。

接下来通过练习你会更好地理解中间部分。我们将从哈尔滨西站发车到达三亚站结束的 K7023 次列车作为灵感来写一个剧本故事。首先问自己它的中间部分会在哪里，我相信你的答案跟我是一致的，这段横穿祖国多个省份、至今最长的旅程无疑会成为整个故事的中间部分。在 5010 公里的路程中，沿途风景、车厢中的人情冷暖、停靠车站上下的不同人群等都可以作为整个故事的发展动力，这些发生在旅途当中最为合理。

结合上个小节中所学习的再想一想哪里是合适的开头。

接下来为你提供一些人物信息和大致背景（当然，你也可以完全原创）。一位 25 岁刚大学毕业的男生，带着迷茫准备南下寻找希望，一对退休的年迈夫妇计划去看孙子，一位 30 岁的女艺术家准备在旅途中寻找灵感。故事的重心就是这四个人的相遇，随着相识到相知到彼此激励和启发，最终各自找到了答案和方向。

然后给你开头和结尾，清晨，四人在哈尔滨西站跟随着熙熙攘攘的人群，口中吹着寒气等待着登上列车，这是开头。最终以列车到站，各自朝着找寻到的方向离去为结尾。记住，列车上的每个人都应该带着各自的故事踏上了这趟列车，最后别忘了使用我们之前讨论的戏剧性。期待你写出一个有趣的中间部分。

3.2.3　结尾：余音绕梁

如果说开头像邀请函，那么结尾就像离职书。开头将观众引入故事，结尾则给观众留下深刻的印象并留出了未来无尽发展的可能性。好的结尾总是让人意犹未尽，它不仅为故事画上句号，还能让观众在心中继续构建故事的世界。这种结尾既能让观众感到满足，又能留下一些悬念或思考的空间，使故事在观众心中久久回响。例如，电影《楚门的世界》就有一个教科书级别的优秀结尾。当楚门跨出那个虚假世界后，就留下了一个无尽发展的结尾。

好的结尾应该是故事发展的自然结果，让观众感觉人物的旅程是完整的，既有逻辑上的必然性，又能带给观众情感上的震撼。它不只是结束，更像是一种新的开始，是某个世界中的另一场冒险或另一段旅程。

结尾必须和开始相互对立，也就是说，如果开头是危险的，那么结尾就是安全的，同样，如果结尾是成功的，那么开头一定得是失败的。例如，在《肖申克的救赎》中，故事开始于银行家安迪被误判入狱，而终结于他的成功逃脱和重获自由，这种从束缚到解放的转变深刻动人。《寻梦环游记》讲述了米格对音乐的热爱与家族禁令之间的矛盾，故事以他得到了家族的支持和实现了音乐梦想结尾。《冰雪奇缘》中，艾莎最初隐藏自己的魔法力量并远离妹妹安娜，故事的高潮则在于她学会了控制自己的能力，并与妹妹重聚。《驯龙高手》中的希卡普从一个默默无闻的少年成长为英雄，实现了人与龙之间和解的美好结局。《彼得兔》中则展现了彼得兔与农夫的斗智斗勇，最终为共同守护花园而和解。这种故事结尾的对立性不仅有助于角色的成长和转变，也极大地增强了故事的深度和观众的情感共鸣。

3.2.4　一个简短的概括练习

当你掌握了剧本的创作原理和结构，信心满满地准备为自己的第一部动画作品写下剧本时，却整整一下午没能在空白的 A4 纸上写下点什么。首先，不要为浪费时间而感到糟糕，我相信即便是一个屡获殊荣的优秀编剧也会有这样的时刻。所以我准备给你一些建议：先收起那沓 A4 纸，再找一些便签贴，然后试着写一个一百字左右的故事概略。

一百字左右的故事概略能够帮你打开思路。这件事有多重要呢？就跟木匠在打造一个餐桌前所画出的那张草图，作曲家在谱曲前哼出的那段旋律一样重要。

概略通常还具有审视性，试想当剧本师埋头两个月写出一本 10000 字的悬疑短片，读完发现剧本架构出现了问题且准备去修改时，顺利地把它再读一遍都会是件费力的事。所以一段简短的概略就显得非常重要，它就像木匠在开始动工前画的一幅草图，调整草图可比调整木料简单得多，修改简短的概略也比修改上万字的剧本容易得多。当然，我不是说剧本只能一次性创作完成（奥斯卡获奖影片的每个剧本都会经过起码十几次的修改），而是说在大的结构问题面前这些小错误是可以及时避免的。

一个简短的概略中需要包含主要人物、主要场景以及主要冲突，那些细枝末节可以先随着你的 A4 纸放在一旁。

- 主要人物：人物信息，包括职业、特征、性格等。例如，一位战地女记者、一位长着 14 根手指的女生、一位顽固的老人，等等。用简洁的文字描述出人物的基本信息即可。

- 主要场景：故事发生的主要地点。也许你的剧本中会出现很多场景，但你只需要把主要冲突发生的地点写下来即可，而其他次要场景则可以在后续正式进行剧本创作时再加入。例如，一位战地女记者在战场前线发生的故事、一位 14 岁的女生在音乐演奏会现场发生的故事、一位顽固的老人在后院发生的故事。

- 主要冲突：整个故事发展中所受到的最大阻碍，以及如何解决阻碍。通常主要冲突可以快速看清故事的主轴以及关键的情节。

下面我就用上述的三个角色和场景来写一个简短的故事概略。

例子 1

☑ 《战地笔记》故事概略　　　　　　　　　　　　　　•••

一位战地女记者深入**战争前线**报道，揭露真相的同时面临**生命威胁**，

最后在一位**盟军的协助**下，为世界展现了这场战争的残酷真相和人性光辉。

例子 2

☑ 《4 指之音》故事概略　　　　　　　　　　　　　　•••

一位天赋异禀的钢琴演奏家是个**长着 14 根手指的女生，**

多少年来她必须躲在**演奏会幕布后面**才能演奏钢琴。

而在**一场演出事故**中，她意外被观众看见了手指，

但最终**音乐的魅力**还是让她赢得了自信和掌声，并决定从幕布后走了出来。

例子 3

☑ 《后院之友》故事概略　　　　　　　　　　　　　　•••

一栋房屋的后院搬来了一只松鼠，房屋中住着**一个顽固的老人。**

老人非常**讨厌松鼠**，但松鼠最终帮老人**找回了童真。**

　　以上是我花了半小时根据脑中的一些碎片人物和场景写出的故事概略，所以从时间上来看这件事并不复杂。当我哪天想要更改整个主轴时，我只需要轻松擦掉一些信息再写上其他信息就行了。当然，我们也可以尝试为一些优秀的动画电影做概括练习，这样可以更好地助力你写出自己的故事概略。

例子 4

☑ 《疯狂动物城》故事概略　　　　　　　　　　　　　　　　　•••

兔子从小梦想做一名警察，这一天她终于如愿来到**动物城，成为**第一位兔子警
官，但动物城跟想象中的完全不同，到处充满着危机，

直到她深入暗处发现了**幕后操纵的黑手。**

最终在**一只狐狸的帮助下**成功解决了动物城的这场危机。

寻找一部你喜欢的电影，试着在下方写下它的概略。

练习

□ 《　　　　　　　　　　　　　　》故事概略　　　　　　　　　•••

一个简短的概略不仅能够帮助你快速厘清写作的方向，也能在正式写作过程中让你
始终跟随主轴进行创作。在你了解了以上故事概略该如何提炼之后，试着找寻一下你脑海中曾出
现过的那些人物和场景，他们会发生些怎样有趣的情节，以及如何成为一个完整的故事，然后尝试写
下来吧。

3.2.5　剧本练习——《瑞恩和里恩》

请你带着本章学习中的所有收获，与我一起创作动画短片的剧本。我相信，通过这个案例练习，你会对剧本写作有个更全面的认知。

☑ **故事概括**

一只饥饿的流浪猫（瑞恩）窜进一间实验室，本想以实验室小白鼠（里恩）作为食物，无奈意外导致火灾，最终相互救助逃出火海并成了朋友。

☑ **故事大纲**

夜晚，灰猫瑞恩跳上了窗台，它后蹲蓄力，一跃跳向了一张摆满实验器皿的台子，匍匐逼近一个装着小白鼠的笼子。笼子中央小白鼠里恩正在呼呼大睡，似乎做着不愿醒来的美梦。瑞恩亮出的爪子开始伸进笼中，随后使劲扭动着身体和尾巴，伸长爪子想要抓住白鼠，殊不知此时实验台上的酒精炉点着了它乱动的尾巴，感觉到疼痛的瑞恩迅速缩回爪子并尖叫起来。里恩被惊醒，呆呆地看到眼前的景象。此时实验台上的酒精炉已被瑞恩撞到了地上，引发了火灾。瑞恩尾巴上的火焰越来越大，尖叫声也越来越大，从发呆中回过神来的里恩焦急地在笼内转着圈，直到它看向了笼内的水碗时终于有了主意。它迅速跑到笼口朝着瑞恩大叫并指着水碗，很快瑞恩便理解了里恩的意图，迅速跑向笼子，将尾巴伸进了笼中，里恩用尽全力扛着火的尾巴伸进水碗。获救的瑞恩抽出尾巴，快速越过火苗跳向了窗台，此时的笼子已被蹿起的火焰包围，里恩趴在笼口绝望地看向瑞恩，发出求救的叫声！准备离开的瑞恩听到叫声回头看向了里恩，接着看了一眼被烧过的尾巴，闭上眼朝窗外大吸了一口气，接着后蹲蓄力，再次跳向了实验台。

太阳缓缓升起，照亮了实验室外冒着烟的窗户，而实验室楼顶上正坐着一只在清理毛发的灰猫，而它身旁还坐着一只小白鼠。

故事剧本：《瑞恩和里恩》

☑ 场景 1：实验室外景	
☑ 地点	实验室外（故事发生的地点）
☑ 时间	凌晨 3 点（故事发生的时间）
☑ 角色	一只聪明但孤僻的灰猫，脖子上的名字牌写着 Rey（女主角瑞恩）（故事中的角色信息）
☑ 场景描述	月光下安静的实验室外墙，有一扇半开的窗户，窗台下摆着两个医疗类垃圾桶，实验室周围部分树枝微微摇晃。（画面中的静态元素）
☑ 动作描述	一只灰猫悄悄地通过垃圾桶跳上了窗台，左右扫视着实验室内部。（画面中的动态元素）
☑ 情绪	紧张饥饿，小心翼翼（角色的内心情绪或者内心独白）

☑ 场景 2：实验室内景	
☑ 地点	实验室内
☑ 时间	凌晨 3 点
☑ 角色	灰猫瑞恩
☑ 场景描述	昏暗的实验室内，正对着窗台的一张长条形工作台上，点燃的酒精炉烧着量杯，旁边还摆放着各类实验器材。尽头放着一个笼子，笼子上贴着一个名字牌，上面写着 Lee。昏黄的光亮勉强照亮了窗户周围的一小部分。
☑ 动作描述	灰猫注视着笼子的同时舞动着尾巴，然后往后蹲，准备跳上工作台。
☑ 情绪	对食物的渴望，对捕猎的决心。

☐ 场景 3：......

　　以上是由我提前完成的故事概括和故事大纲，以及部分剧本内容。你可以根据故事大纲来完成剩余的剧本创作练习，也可以根据故事概括重新设计新的剧情。我会在接下来的章节中，通过 Procreate Dreams 这款软件，带你为这个剧本设计角色和场景，并制作故事板分镜，一步步带你走完这次动画创作之旅。

4

第 4 章

动画的美术设定

通过学习剧本章节，你的思绪里是否已经涌现出一些有趣的故事情节和人物角色？如果是，那么在本章中你可以尝试将它们表现出来。

这一章我将带领你熟悉二维动画中视觉表现的基本组成。本章不会过多介绍那些需要你经年累月才能学成的绘制技法，更多的是带你了解美术设定对于动画的重要性，以及一些技巧的心得。

美术设定不仅仅存在于动画创作中，也广泛应用于漫画、游戏等视觉媒体中。在二维动画中，美术设定包含整个动画作品的视觉部分，它将决定一部动画作品的风格基调。从角色设计、场景设计到配色方案都包含在美术设定中。

美术设定是对动画作品的整体视觉表现进行规划和设计的过程，是将想法和概念转化为具体图像的关键步骤之一。成功的美术设定可以为动画作品建立起独特的视觉风格和情感氛围，也是决定动画质量的关键因素之一。

4.1　角色设计与表现

　　无论是制作一部动画作品还是为观众讲述一段故事，都需要创造一个能够传递情感的载体。这个载体可能是一个栩栩如生的人物，也可能是一个被赋予生命的角色。然而不论是被听到还是被看到，这两种载体都应该有几个相同的关键点：清晰的特征、明确的个性以及强烈的情感。这些关键点可以使观众置身于情节之中并产生共鸣。然而作为动画师，确实比小说家更不易，因为通过视觉来表达一个深刻而清晰的角色形象远比文字要难得多。

4.1.1　几何象征

　　在生活中，虽然人物的外在特征和内在性格之间没有直接的关联，但人们还是会通过外在特征来认定第一印象。例如，肥胖的体型通常会让人感觉友好和亲近，消瘦的体态会让人感到冷静且有距离感，而壮硕的体型则会给人带来安全感。这种无意识偏见得益于我们以往的经验和一些既定的社会认知。虽然现实生活中以貌取人并不友好，但在动画艺术中，对角色的塑造则需要明确这种关联。这种清晰的视觉引导能够强化观众对角色的印象并产生共情。

　　这种视觉引导如何体现在角色设计当中呢？其实我们可以通过加入圆形、方形和三角形这三种基本几何形态来设计角色，从而塑造出不同的人物性格。如果我们仔细观察身边的环境，不难发现这三种基本形态构建了我们所生活的这个世界。例如，方正的高楼大厦给人威严和壮观之感，柔软圆润的沙发使人感到温暖、舒适，而尖锐的刀器总能让人感到威胁和害怕，等等。

在角色设计中，我们同样可以通过几何形态塑造出不同的个性特征。我们可以使用圆形形态来塑造富有吸引力和亲和力的角色形象，例如，圆嘟嘟的婴儿和丰满的女性以及富有喜剧风格的滑稽人物。而使用方形形态则能塑造出正面形象，例如，富有正义感的超级英雄和充满力量感的勇士。使用三角形形态则可以塑造充满危险的反派形象，例如，屡教不改的流氓、小偷，或是阴森可怕的吸血鬼。

当然这个世界上没有一个人是长成方形、圆形或者三角形的，除非你准备制作特定风格的动画，所以这三种几何形态通常被用来作为角色设计中的基本形，通过对基本形有效组合来使角色整体形象趋于圆润、壮硕或者消瘦。

当然，这并非绝对的公式。角色设计还需要考量整个故事情节的冲突，以及人物角色内心的成长来进行认真思考。比如，你准备制作一部关于英雄题材的动画短片，但设定的主角是一个平平无奇的小人物，在通过一系列事件之后才慢慢转变为拯救世界的英雄，那么根据形状公式设计出身材魁梧、长相帅气的外形显然就不太合适。这种形状塑造出的角色形象会让观众失去期待，从而很难产生共情。

4.1.2 比例大小

了解了几何形态和角色的关联后，接下来要做的就是使设计的角色更加生动、有趣。同样这里也有个常用的方法，就是调整比例大小，这绝对是个有效的方式。有时夸张的人物比例往往能带来意想不到的效果，并且改变比例大小对于设计出一个生动的角色来说，试错的成本是最低的。

不妨想象一下，你正站在大雪过后的门口，想要堆出一个足够吸引人的雪人。堆雪人很容易，无非就是堆出雪人的身体和头部，但想要雪人足够特别，就需要考量身体和头部的大小比例。这就如同角色设计中控制角色比例大小一般。

堆出大身体和小头部的雪人，看上去和邻居家的雪人并无不同之处。但如果你尝试夸张地改变它们之间的比例，或许就能堆出一个足够特别的雪人。当然，在角色设计中，比例大小的调整远比堆一个雪人难很多。但勇于尝试使用不同比例，一定能塑造出一个更生动、有趣的形象。

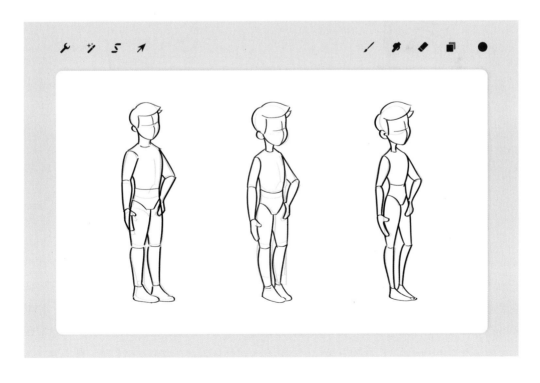

4.1.3　三视图

在动画制作中，人物角色需要进行动态演绎。所以在角色设计时就需要将不同角度的形态尽可能地绘制出来，以确保在动画表演中角色始终保持统一的比例和特征。为此，我们通常需要为角色绘制三视图，包括角色的正面、侧面和背面。在三维动画中，角色设计师还会多绘制一张45度的侧面形象，以帮助模型师制作出更接近角色的模型。

三视图的绘制对于动画制作而言非常重要，它可以帮助动画师更好地了解角色的结构和外观，有助于确保在不同角度和动作下角色的一致性。因此，在动画制作过程中，角色设计师需要注重每个角度的细节，并与动画师紧密合作，确保角色在动画中表现得更为出色。

在绘制三视图之前，你可以先在草稿本上根据设定好的特征画出角色尽可能多角度的草稿形象图。在设计这些草稿图时，我认为可以完全根据设定好的特征自由发挥，这样做的目的是更有效地找出角色不同动态下的特征，然后在草稿图中找出不同角度下最符合你心目中角色要求的概念稿，甚至可以尝试将角色的不同情绪绘制出来。总之，要尽可能多地画出你能想到的角色动态形象。完成这些工作之后再将它们进行规范绘制。这样做的好处就是在制作动画时，你能够时刻参考这些接近你心目中要求的角色特征和形象，来对动画进行修正。

完成草稿演绎创作后，便可以为角色制作统一比例的三视图了。首先绘制一个标准的正面形象，再以正面形象的头顶、眼睛、鼻子、耳朵、嘴巴、下巴以及身体各部位为标准比例，绘制出多条横向的比例线并延长到足够画下侧面以及背面的位置，然后根据比例线画出标准的侧面和背面。如果你一开始不进行草稿演绎便先画比例线，再直接进行多角度的创作，那么除非你信心十足，不然很容易使角色在其他角度丢失个性特征。先画草稿的方法也是大多数动画造型师的创作习惯，他们甚至还会画出角色不同情绪下的样子，以此来让角色在动画制作时拥有更多的可能性。

综上，角色设计的基本流程如下。

首先，通过几何象征的方式定义好角色的个性和特征。如果他是个友善的人，那么最好不要设计得过于棱角分明。在这一阶段的创作过程中不需要对每个设计稿进行太多的细化，只需要通过简单的基本形状找出符合要求的那个形象设定即可，尽可能把时间都用在不断寻找和创作中。

接着，通过对比例大小的调整来为角色赋予更生动、有趣的形象，从这里开始就可以细化角色了。这同样是个需要反复尝试的过程。

最后，为细化好的角色尽可能多地绘制不同角度的动态演绎手稿。如果可以，请将角色的情绪也绘制出来，然后参考手稿完成三视图的制作。至此，角色设计的过程就基本完成了。

当然，一次就完成设计的角色，多数都不是最好的，只要你觉得他还不够完美，就大胆地否定之前的努力，并且从头再来几次，直到你认为他足够接近你心目中的样子为止。这样的自我否定不是件坏事。

4.1.4 年龄特征

虽然设计出一个足够好的角色已经不是件易事，但除此之外，你很可能还会遇到另一个不小的挑战，那就是年龄对角色的影响。人在不同年龄阶段，外形特征也是完全不同的。如果你的动画需要讲述一个人一生的经历，就需要熟悉他在不同年龄段该拥有怎样的特征。幼儿时期的样子、儿童时期的样子、青年时期的样子、中年时期的样子以及老年时期的样子，这些都应该出现在你的设计手稿中。当然，如何设计这些特征也都是可以找到参考的。比如，观察真实生活中不同年龄阶段的人，身体的比例有何不同，然后参照这些差异特征对角色进行年龄设定。

1. 幼儿时期的特征

在介绍几何象征时，就提到过婴儿的外形特征。相较于成人，婴儿的特征最为明显。婴儿普遍是圆润可爱的外形。他们的鼻子和嘴巴都很小，拥有鼓起的脸蛋和圆圆的肚子，整个头部跟躯干大小相当。除此之外，他们的胳膊和大腿粗壮而短小，手掌和脚掌同样也是圆润而短小的。某些时刻几乎看不见脖子，并且肩膀很窄。幼儿的外形基本上没有直线，完全由曲线组成。男孩和女孩外形几乎相似，但可以通过发量、服饰装扮以及姿态来绘制性别的不同。

2. 儿童时期的特征

随着年龄增长，儿童时期的特征会出现比例上的变化。首先头部依然可以和躯干相等，但腿部和手臂会变长，手掌和脚掌也变得修长。脸部几乎没有太大的变化，但脖子会比幼儿时期略微修长，男孩的身体构成中开始出现少量的直线。

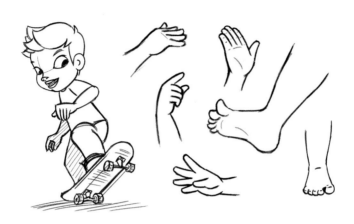

3. 青年时期的特征

年龄继续增长，青年时期的特征会继续出现比例上的变化，如头部逐渐修长，圆形的下巴变尖，整个躯干也将大于头部，手和腿都变得更为修长、有形。你还可以为青年时期的男生女生脸上画上些雀斑来体现他们的青涩懵懂。

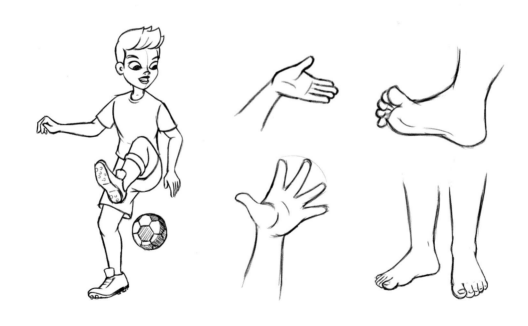

4. 成年时期的特征

到了成年时期，身体的比例变化会进入一个正常状态，五官和头部的比例也趋于正常状态。躯干宽度相当于两个头部大小，肩膀也会变宽，最明显的特征就是手和脚开始变长，男人的肩膀比女人的肩膀会宽一些。身高为六个头部大小。此时男人和女人的身体特征反差最大，男人的身体组成会出现更多的直线，而女人则由更多的曲线组成。

5. 老年时期的特征

到了老年时期，身体的变化会进入一个逆向的状态。随着肌肉的逐渐流失，四肢变得细长。皮肤开始松弛，并且脸部最为明显，眼袋变大，眉骨突出，眼睛看上去更小。一些老人由于牙齿掉落，上下嘴唇还会向内收缩。弯曲的姿态也是老年人的特征之一。通常老年男人会被塑造得更为消瘦，而老年女人会被塑造得更为肥胖和矮小。

你可以通过一个练习来掌握对年龄特征的演绎，就是以自己为原型，画出不同年龄阶段的自己。当然，你也可以为身边的朋友画一组从小到大的变化图。

4.2　场景设定

什么是场景？简单来说，场景就是故事中角色人物所处空间的一切事物。如果你的动画人物生活在一个城堡中，那么整个森林和城堡就是场景的重要组成部分。你需要设计出整个森林的树木、河流、植被以及城堡的样子，还有城堡内的一切。

4.2.1　时间和地点

时间、地点和人物是叙事的基本三要素，其中对时间、地点清晰准确地呈现，就是场景设计中的准则。首先，设计师需要明确故事发生的时间，是发生在冬天还是夏天，是古早还是未来。不同的时间背景将决定场景的视觉风格，从而需要你塑造出不同的视觉效果。身处在不同季节中的人物也会跟随着场景设定适配该有的服饰和姿态。而不同的时代则有着不同的建筑风格、服饰文化以及科技水平，同样需要在场景以及角色上进行体现。由此可见，时间背景直接影响着场景的设计和呈现效果。

地点则确定了场景的具体环境和地理特征。动画的场景地点可以是城市、乡村、森林、海滩等，每个地点都有其独特的地貌特征和文化气息，而这些特征和气息也会直接影响到角色的形象状态。即便是完全想象出的空间地点，也需要参照现有世界中的架构去进行设计，否则观众在超出认知范围的空间中将很难产生联想和共情。

总之，清晰准确的时间地点是场景设计的基础，通过明确时间、地点，可以更好地设计出符合故事情节和主题要求的环境。

4.2.2　空间透视

说到场景设计，一定离不开"空间透视"这个基本概念。想要在二维的平面上创造出三维空间的效果，就一定需要理解空间透视的原理。那些优秀的动画电影都是通过引人入胜的场景设计，将观众带到具有深度和立体感的动画世界中的。

透视的原理是基于人眼的视觉机制，通过模拟人眼的观察习惯使人产生视觉认同。

你可以通过几个关键概念来理解透视。

● 消失点：透视发生点。例如，当我们站在一个两侧堆满集装箱的路面正中间，并且平行于集装箱边缘看向远方时，我们会发现左右侧集装箱的边缘在视线中逐渐汇聚并指向远方。而在距离我们眼睛足够远的地方，这个指向最终会交叉在一起，而这个交叉点就叫作消失点①。

● 透视线：以消失点为起点绘制一条连接物体边缘的线就叫作透视线②。如果我们要将上述集装箱的场景绘制出来，就需要绘制透视线来进行辅助，通过透视线还原集装箱在场景中的正确位置。透视线的方向和角度会决定场景中物体的形状和位置。

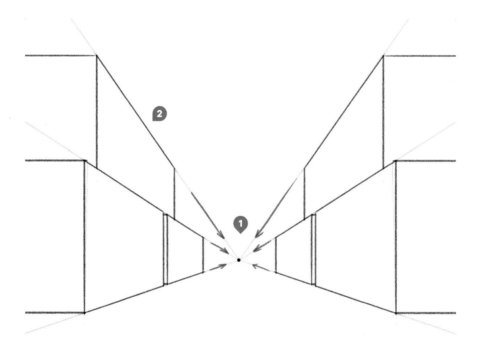

● 近大远小：在集装箱的透视图中，距离我们较远的集装箱看起来会变小，而距离我们较近的则会变大。这很好理解，也正是这种近大远小的特征塑造了场景的纵深度和立体感。场景设计中合理的透视能够增强画面的真实感和空间感，使观众更容易产生代入感。但不同的场景视角需要不同的透视原理来表现，如一点透视、两点透视和三点透视。

● 一点透视：也叫作单点透视，就是整个场景画面中只有一个消失点。在场景构图中，通常会让这个点位于画面中心。这种场景中的正方体通常正面的边缘是完全平行的状态，只有侧面的边缘会进行透视汇聚。这种透视原理能够表现出物体正确的形态和比例，并使其平行于画面，适用于绘制正面视角的场景，比如，正面的街道和正面的室内场景，这样的视角能够使场景呈现平衡和稳定。

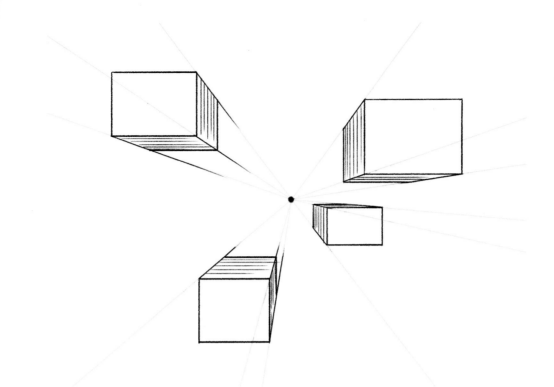

● 两点透视：这种透视技巧较为常用，也叫作双点透视，就是场景画面中会出现两个消失点。这种透视技巧常用于表现侧面视角，例如，侧面的超市内景和建筑物的侧面，等等。两点透视能够使场景画面更为立体并更有层次感。

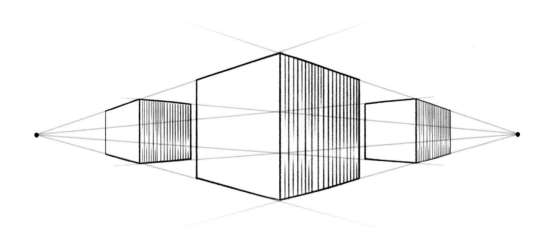

● 三点透视：这是较为复杂的一种透视技巧，但并不是常用的透视技巧。要在画面中布置三个消失点来使物体产生一定的拉伸畸变，通常在俯瞰和仰视的场景中使用。这种视角能使场景画面更具有视觉冲击力，在表现庞大和渺小时非常适合运用。

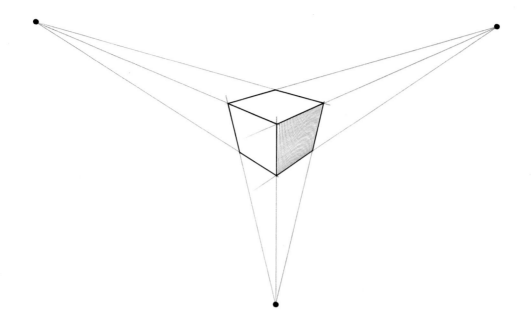

总的来说，一点透视、两点透视和三点透视都是重要的透视技巧。根据场景的需要，你可以灵活运用以创造出不同的视觉效果。

4.3 故事板（分镜头）

故事板的概念最早由华特·迪士尼公司的创始人之———动画界的先驱乔治·麦克曼努斯所提出。最初他将故事板的概念应用在连环漫画的制作中，后来逐渐发展成了动画制作中的常用工具，以帮助他们更好地规划和组织动画片中的情节、画面和动作。后来故事板在动画制作和电影制作等领域得到了广泛应用，并逐渐成了动画创作过程中的重要组成部分。它不仅能够帮助创作者规划故事情节和画面，还能够促进团队之间的沟通和协作，确保最终作品能够达到预期的效果。

什么是故事板？什么是分镜头？简单来说，在动画制作中，它们都在做同一件事情，都是将剧本进行视觉化转换的有效方式，是从剧本到成片的一座桥梁，他们都通过将剧本故事分解成一系列的画面来展现动画的理想形态。

我认为它们间的关系就好比绘画中起稿和勾线的关系。西方的动画艺术家大多会使用故事板来表达故事情节，因为没有过多的文字描述和镜头语言，更容易激发团队参与，并提出新的想法和建议。所以整个制作流程更趋于开放和感性。而在日本动画中，通常会使用分镜头脚本的方式。这种方式更为严谨，可以更好地对画面进行控制。通常会加入更多的细节信息，比如，镜头的运动方式、角度、时长等详细描述。不过在我看来，选择哪种表现方式都不重要，重要的是如何通过它们讲好你的故事。

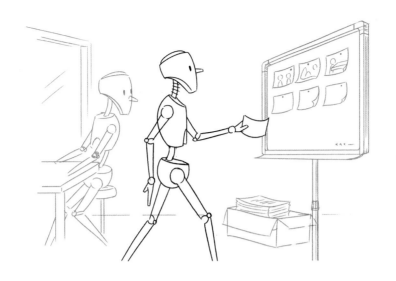

4.3.1　氛围和情感

　　当你在旅行时来到一片壮阔的山川面前，并且用相机拍下了这难忘的场景。完成旅程回到家中，再次翻阅这张照片时，你仍然能够深刻感受到当时的情境。因为这张照片唤起了你曾感知过的氛围和情感，并将你再次引入到了这段壮阔记忆当中。这种情感的唤起和再现正是动画制作的重心之一。它不应该只是一幅幅静态的画面，更应该是传递氛围和情感的载体。

　　我们生活中的场景究竟是如何影响我们的情绪状态的呢？光线的变化应该是最为关键的部分，它会使同样的环境产生不同的变化。例如，当清晨的暖阳透过树叶洒在公园长椅上时，我们能感受到一种温暖而宁静的氛围；到正午时，阳光再次穿过树叶照在公园长椅上，我们又能感受到积极和活跃的氛围；如果此时天气骤变，灰蒙的光线伴随着小雨开始拍打公园的长椅，我们则会感受到沮丧或低落；到了夜晚，只剩下微弱的路灯在支撑着公园的寂静时，我们又会感到不安和恐惧。每一天中，光线总是从暗淡到明亮，再从明亮回到暗淡，而我们的情绪也会跟随着变化。所以在分镜头制作中，如何通过控制光线来表现故事情节中人物的情绪变化，是值得我们认真思考的部分。你要做的就是时刻保持对环境的敏感，识别出它们散发出的不同情绪，并将这种情绪以有形的方式去进行传达。这甚至比画出精美的细节更为重要。

4.3.2　学会取舍

学会取舍能使你更容易地理解这个世界，虽然听起来很有哲理，但它的确符合动画的创作方式。学会辨别并放弃不重要的细节，对你来说是一项重要技巧。在场景设计中，并不是每个细节都能对情感表达起到关键作用。相反，过多的细节只会让注意力过于分散，从而忽视真正需要表达的重点。例如，在一个餐厅中的对话场景中，将取舍重点仅放在两个角色的对话和必要道具上，远比细致到将餐厅墙上的促销海报和店内细节都绘制出来更能推动故事情节，角色之间的互动比餐厅细节重要。再如，一场追逐戏中，将背景简化成基本轮廓也是一种合适的取舍，从而可以引导观众聚焦在追逐者和被追逐者身上，突出紧张气氛。又如，在一个进行丛林探险的夜晚场景中，你可以通过减少光线来简化地形和植被，增强未知的空间感，从而制造出紧张的氛围。

通过有效的取舍，将注意力聚焦在想要表达和传递的信息上，从而使故事更加清晰、生动。这种取舍不仅可以提高作品的视觉表现力，还能使观众更好地理解和投入到故事情节中。

4.3.3　镜头语言

虽然动画并不需要真实的镜头拍摄，但了解不同镜头下的视觉差异可以让你在创作故事画面时更有条理。观赏那些优秀的二维动画作品，你会发现创作者在运用镜头语言方面下足了功夫。毕竟动画是通过平面绘制来表现不同镜头视角的，因此我们更需要理解不同镜头所代表的不同情境。

1. 广角镜头

在现实中，由于广角镜头宽广的视角会使画面产生拉伸和畸变，所以在动画中用来表现怪异夸张的效果再合适不过。例如，当主角进行丛林探险，因误食了毒蘑菇而产生幻觉的画面就可以使用广角镜头来进行表现，这种镜头可以很好地表现出现实和幻境的差异。除此之外，广角镜头还可以用来表现夸张诡异的氛围。

2. 远景镜头

远景镜头在摄影中，通常被用来记录风景和建筑。它有着接近广角镜头的视角，能容纳更多画面信息。在动画中，远景可以塑造宏伟壮观的场景，利用远景可以很好地介绍主角人物所处的环境和故事背景。例如，主角端着咖啡站在都市街道的红灯路口，或者扛着猎枪走向一片充满迷雾的丛林，又或者拿着望远镜坐着木船漂流在广阔的海洋上，远景能很好地介绍故事发生的环境和人物状态，从而引导观众进入故事背景。

3. 中景镜头

中景是介于远景和特写之间的一种镜头视角，通常用来展示场景中的主要元素和关键信息。这个视角可以很好地展现人物角色的整体形象。它更接近人眼的视角，所以能够呈现出较为真实自然的画面效果。在动画中，通常会用来表现主角的日常生活。这种近似人眼的视角有很强的代入感和真实感，也是动画中最为常用的视角之一。

4. 特写

特写镜头有着更窄的视角，能够更清晰地呈现主角人物的特征、情绪和动态。较窄的视角可以过滤掉一些不重要的信息，使得画面简洁明了。在人物交谈的场景中，使用特写镜头能够使观众更直观地看到角色的表情和情绪。对于一些关键的道具和信息，特写镜头也能很好地帮助观众进行聚焦。

5. 变焦（切入）

变焦就是从远景动态拉伸至近景的方式。生活中，当我们迫不及待想要告知好友一件重要的事情时，经常会说上一句"让我们直切主题"。这句话不单单可以滤掉一些不必要的交流，还能使这件事情变得紧迫和重要。而在动画制作中，有一种视觉方式可以强调重要性和紧迫感。这种视觉切入的方式就是通过镜头中的快速变焦来表现，保持视角位置不变的同时快速调整画面的大小比例，就可以模拟出镜头变焦。如果在远景中想要表现出某个关键道具，就可以使用快速变焦的方式来强调其重要性。同样，这种变焦方式也能用来定位关键人物，例如，当身为警探的主角在一栋居民楼外寻找嫌疑人时，就可以使用快速变焦的方式来锁定嫌疑人的位置。

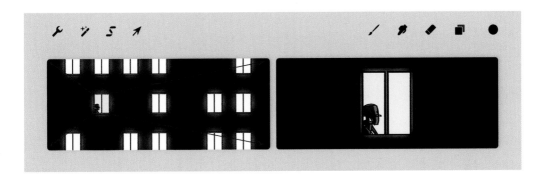

正是由于二维动画可以随心所欲地绘制各种视角，所以熟悉镜头的应用就非常重要。它不仅是合理展现画面的一种方式，也是和观众进行情感交流的一种特殊语言。选择合适的镜头视角，可以更好地传达角色情感，营造场景氛围。

4.3.4　动画构图

如果说镜头语言是用来传递情感和氛围的，那么构图就是用来讲述故事的。它们有各自不同的使用技巧，但又可以相互配合。接下来就聊一聊动画中的构图技巧。

1. 三等分原则

使用两条水平线和两条垂直线将画面分成九宫格，通过水平线、垂直线交叉产生四个视觉点的构图技巧叫作三等分构图，又称为三等分原则。这个原则适用于任何视觉艺术，如摄影、绘画、影视、游戏、平面设计等，同时它也是大多数人用来评估构图好坏的标准之一。相较于传统的居中构图，三等分构图方式能使画面中的主要元素处在更为自然的位置。我承认有些人天生就拥有三等分原则的构图视角，能够跟随主观审美来判断画面重量，并将主要元素正确放置在视觉点的位置，即便他们是后来才得知这一原则，但大多数人并没有这种"随意"的能力。所以在对画面进行构图时，我们可以使用三等分原则将主要人物或者物体放置在其中某个视觉焦点上。这样的构图既不会因居于中心而显得保守，又不会因离边缘太近而导致视觉失衡，从而可以得到一个平衡且自然的构图。

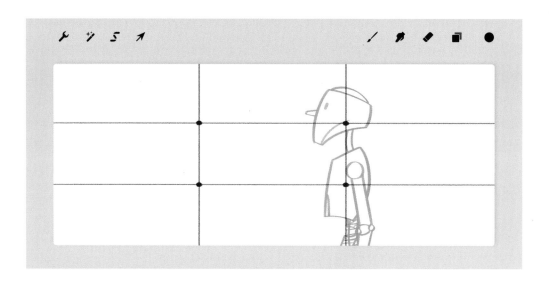

2. 正确轴线

几乎所有的影视作品都会遵循轴线规律，其实轴线就是一条存在于画面中的假想线，也是摄像机拍摄方向的一条虚拟线。轴线常用来制约人物位置和关系。例如，在主角人物交谈的场景中，两个人物之间就会出现一条轴线，主角人物在画面中所处位置或在左侧或在右侧。很多人习惯将主角放置在画面右侧，他们认为右侧更适合形成正面形象，但不论是左还是右，人物在不同角度的镜头中都需要始终保持在正确的轴线位置，这样可以确保观众在观看时不会对人物关系产生混乱和不解。当然，也不乏有人物越轴的情况，通常是用来表现人物内心或立场的转变。使用正确轴线能够为动画建立正确的人物关系，从而更直观地推动故事情节发展。

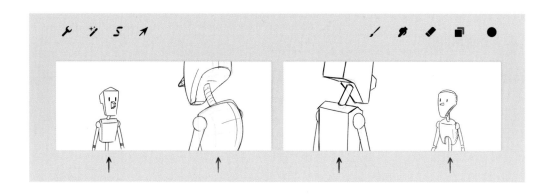

3. 交谈场景

在动画这种叙事类艺术中，人物交谈不可避免，交谈可以很好地推动故事情节的发展。关于人物交谈，除了要设定好正确的人物轴线之外，交谈场景同样需要精心设计，一些额外的道具能很好地推动故事走向。

我们来假设一个场景：某弱国的外交官就不合理的外交政策两次来到某大国进行外交谈判。通过对这两次交谈场景的不同设计，能够传达出不同的情节走向。

例如，在第一次谈判时，房间角落的打印机和谈判桌中间摆放的几堆资料，能第一时间告诉观众这是一间临时整理出的杂物间。杂物间的设置体现了弱国外交官得不到应有的尊重和重视，打印机的运行意味着随时都有可能闯入职员来影响这次谈判。而谈判桌中间摆放的资料道具，则传递给观众谈判中存在着阻力和障碍，逐步引导观众接受谈判的失败。

而在第二次谈判时，外交官因为回国后完成了某些要求并获得了应有的尊重，观众也逐渐对人物积累了足够的信心。此时就可以设计一个干净整洁的会议室和同样整洁的谈判桌场景，这样能很好地预示再次谈判不再有任何障碍，最终两国之间顺利达成了共识，观众也跟随故事完成了情感的转变。场景道具的选择无疑给叙事做足了铺垫，使得情节起伏自然。

但除了场景道具的选择，光线的运用也能很好地表现人物内心情感和情节走向。弱光下人物更容易被否定，而身处明亮场景中的人物则更容易被认同。当然，这只是众多交谈场景中的一种构图表现，如果是餐厅中的交谈场景，那么一个圆形的餐桌上摆放一个插满鲜花的玻璃花瓶，不仅不会成为障碍，反而能更好地表现人物间的亲密的关系。由此可见，在交谈场景中需要根据故事背景来选择必要道具，合适的道具和细节铺垫能对故事发展起到关键的推进作用。

4. 差异构图

通过调整不同人物的大小比例来表现空间感和层次感的构图方式叫作差异构图。这种构图通常用于多人出现的场景中，基于透视原理进行绘制。场景中处在近处的人物无论如何都会比站在远处的人物更大。通常主角人物在画面中拥有更大的比例和空间，而其他人物则随着重要性的减弱而逐级变小。例如，一个户外攀岩活动中，在表现多人攀爬的过程时，所有人都同等大小地出现在画面中，显然没有俯拍状态下多人出现大小差异的画面更有冲击力和紧张感。

大小差异还可以用来突显场景中人物之间的关系。例如，在荒野中，如果三个牛仔因为其中一个人的欺骗而发生冲突，那么通过差异构图就可以清楚地表现出谁是欺骗者。如果你的动画中时常有三个甚至更多的人物同时出现的场景，就一定不要让他们排成一排站着。正确的做法是，利用差异构图去突出主要人物，使画面富有立体感。

5. 俯拍构图

顾名思义就是从高处看向低处的视角。我一直认为俯拍具有凝视感，由于透视线靠近中心的走向，使被凝视的事物变得渺小。由于这种特性，俯拍视角常常用于强化戏剧张力。当人物处在无助和困境中时，俯拍的视角会通过强化人物与环境的比例反差来放大这种情绪。例如，被困在荒岛中的主角，因为受挫走在人群中的主角，丛林中面对危险的猎人。同时，俯拍还常用来表现残酷的战争中生命的脆弱以及人类的渺小。

6. 仰拍构图

与俯拍视角相反，仰拍所带来的视角感受更多的是庞大和无限。仰拍同样是基于透视原理，只是仰拍因为角度变化，将消失点放置在画面上方。这种视角通常用来表现建筑的宏伟，同时它也非常适用于对高度的表现。如果将消失点置于画面上方之外，则可以使建筑表现得更为高大，人物表现得更为高大且更有力量感。

7. 第一视角构图

　　这种构图能够轻易地引导观众进入人物的视线范围，从而产生真实存在于动画故事中的错觉，是最具有代入感的视角之一。例如，在一场打斗的场景中，如果将画面视角换成主要人物的第一视角，观众在身临其境的同时甚至可以感受到被打中身体的疼痛感。如果你想将观众带到某个动作场景中，不妨试试使用这个视角。

8. 错误重叠

　　保持画面构图简洁一直是视觉艺术的基本要求。不论是电线杆、路灯还是一棵树从我们背后或头顶出现，都会使画面变得奇怪，而且一些杂乱的线条和元素还会干扰观众的视线焦点。在二维动画制作过程中，通常会将场景和人物分开绘制，使它们位于不同的图层中，而后期多数场景是固定的。人物则以场景为背景进行动态展现。所以在对场景进行设计时，需要尽量避免出现过多的复杂元素，时刻为人物的动态展现保留整洁的空间。

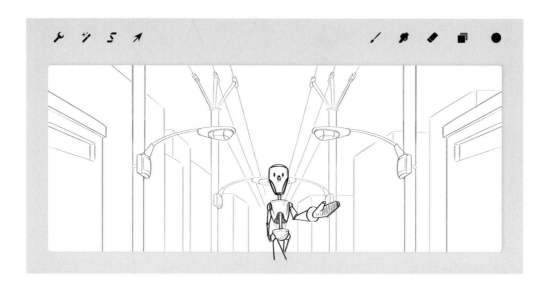

9. 负空间构图

通过在画面中使用大面积的次要空间即可营造负空间构图。负空间能很好地增强画面美感和清晰度，为转场提供自然的过渡，并且能引导视线关注主要事物。例如，一座剧院中，将画面两侧微微打开的剧院大门作为前景，此时透过门缝看到的任何坐着的人物都能轻易地成为视线焦点。这种大量平铺的剪影不仅仅没有丢失空间感，还成功地引导了焦点。除此之外，负空间也是塑造压迫感的最佳方式之一，通过大面积地使用剪影即可增强压迫。例如，竞技场上背对着观众的对手露出大面积剪影轮廓，能够很好地表现出主角人物所面对的强大敌人。总之，合理安排负空间能使画面更具吸引力和影响力。

10. 拆分构图

如果将电影中的主角视角和观众视角进行对比，那么电影中的主角就处在某种意义上的明处，而观众则处在暗处，身在暗处的观众一定比主角能看到更多的故事背景。例如，主角人物并不知道谁是凶手，但观众也许知道。我们稍加利用这种信息差，就能很好地营造出紧张氛围。举例来说，当深夜潜入办公室寻找重要机密文件的主角和正巧拿着钥匙准备开门的老板同处在一个场景中，观众就能清晰地预见到可能发生的冲突。但如果我们改变场景构图，将同一场景拆分成两个镜头并来回切换：首先展示主角在寻找文件的镜头，然后迅速切换至老板拿出钥匙准备开门的镜头，再切回主角继续搜索的场景，再次切换至老板打开门的镜头…… 这样的拆分和有节奏的切换将增加事件的不确定性，让观众难以准确预测接下来的情节发展，从而增强紧张氛围。

由此可见，拆分构图的运用可以使观众更加投入到故事情节中，不过这种构图技巧也需要对镜头节奏有一定的把控。

在故事板制作中，我们始终要明确一点，就是前一个画面始终"服务"于后一个画面，这种"服务"是一种铺垫、递进和堆砌。就像我们盖房子，我们每增添一块砖都是在为后一块砖提供支撑。如果前一块砖出现问题，那么最终房子也会奇形怪状。

以上就是我对美术设定、故事板分镜的大致介绍，其中有一些是专业的技巧分析，也有一些是我个人的经验分享。希望通过对这部分内容的学习，你能够更好地理解动画的制作流程和应用技巧。然而专业且系统的动画制作中所包含的知识远不止这些，如果你想要成为一名优秀的动画师，除了美术设定和故事板分镜，还有许多方面的知识和技能需要积累。比如，动画的色彩运用、手绘风格、光影塑造等，每一个环节都有其独特的要求和挑战。而这些都是需要经年累月去慢慢积累。对任何人来说，二维动画的创作从来都不是件容易的事，这是个从 0 到 1 的过程，它需要你始终保持热爱，对自我保持肯定以及对失败足够包容。如果某一天你成功将脑海中的故事呈现为动画作品，那么无论它是否精彩，请先为你自己鼓掌，因为它承载了你足够多的专注和热情。

第 5 章

原创动画短片项目实战
《瑞恩和里恩》

　　我们在前面的章节中学习了二维动画的原理、剧本写作的要领、故事板分镜的技巧，以及 Procreate Dreams 动画软件的应用技巧。本章我想通过一个原创的动画短片，带你更直观地理解二维动画的制作过程。

　　为了使你更好地进行练习，我会先完成剧本、角色、场景道具以及故事板分镜的创作，为你提供一个清晰的剧情、视觉结构，并且也会提供一些分镜头中的动态关键帧，辅助你完成角色的动态表演。现在就请你用自己所了解到的知识和技巧，以及你的热情，跟随着这个案例来完成这次动画之旅吧！

5.1 《瑞恩和里恩》动画剧本制作

还记得剧本制作章节最后留给你的练习吗？接下来我会将这个剧本完整地创作出来。

为什么我会创作这个故事呢？其实这个故事情节几乎每天都以不同形式发生在我的生活中，我有两个小孩，这个故事中的瑞恩像极了我的女儿，而里恩则像我的儿子，他们平时几乎水火不容，但关键时刻又会相互照顾。调皮的女儿几乎每天都会欺负儿子，甚至不惜被我们严厉教训。但每当儿子遇到危机时，女儿都会毫不犹豫地保护弟弟。他们两个的性格和关系让我在创作剧本时有了不少参照。从生活中寻找灵感始终是剧本创作的关键之一。

5.1.1 故事概括

这个短片故事所讲述的是，一只生活在城市里的流浪猫（瑞恩）无意间潜进了一间实验室，本想以实验室小白鼠（里恩）作为食物，可无奈意外引发火灾，最终相互救助逃出了火海。

5.1.2 故事大纲

夜晚，灰猫瑞恩跳上了窗台，它后蹲蓄力，一跃跳向了一张摆满实验器皿的工作台，匍匐逼近一个装着小白鼠的笼子。笼子中央的小白鼠里恩正在呼呼大睡，似乎做着不愿醒来的美梦。瑞恩亮出的爪子开始伸进笼中，随后使劲扭动着身体和尾巴，伸长爪子想要抓住白鼠，殊不知此时实验台上的酒精炉点着了它乱动的尾巴，感觉到疼痛的瑞恩迅速缩回爪子并尖叫起来。里恩被惊醒，发呆地看着眼前的景象。此时实验台上的酒精炉也被瑞恩撞到了地上，实验室发生了火灾。随着瑞恩尾巴上的火焰越来越大，尖叫声也越来越大，从发呆中回过神来的里恩焦急地在笼内转着圈，直到它看向了笼内的水碗时终于有了主意，它迅速跑到笼口朝着瑞恩大叫并指着水碗。很快瑞恩便理解了里恩的意图，迅速跑向笼子，将尾巴伸进了笼内的水碗中。获救的瑞恩迅速抽出尾巴，快速越过火苗跳向了窗台。此时的笼子已被蹿起的火焰包围，里恩趴在笼口绝望地看向瑞恩，发出求救的叫声！准备离开的瑞恩听到叫声，回头看向了里恩，接着看了一眼被烧过的尾巴，闭上眼朝窗外大吸了一口气，接着后蹲蓄力，再次跳向了实验台。

太阳缓缓升起，照亮了实验室外冒着烟的窗户。而实验室楼顶上正坐着一只在清理毛发的灰猫，它身旁还坐着一只小白鼠。

5.1.3 故事剧本

在剧本制作章节中我们聊过如何写一个好的剧本，如何使它看上去不像小说，如何遵循三幕式结构，如何通过戏剧性的发展推动故事情节的走向，等等。虽然《瑞恩和里恩》是个很短的故事，但依然需要遵循这些原理和准则。下面我们就根据故事大纲来创作动画剧本吧。

☑ 场景 1：实验室外景（环境介绍）

角色	瑞恩（场景中的角色）
描述	月光下，树枝随着微风轻轻摇晃，安静的实验室外墙上有一扇半开的窗户，窗台下摆着两个医疗类垃圾桶。一只灰猫从围墙跳进院内，并通过垃圾桶跳上了窗台。（故事情节）
氛围	平静、未知（场景中的气氛和情绪）

☑ 场景 2：窗台

角色	瑞恩
描述	窗台上的瑞恩借着工作台上酒精炉的光亮，左右打量着实验室的内部环境，发现了一个似乎装着猎物的笼子。
氛围	平静

☑ 场景 3：工作台

角色	瑞恩、里恩（一只实验室白鼠）
描述	瑞恩没有犹豫地跳向工作台，绕过摆放的器具，匍匐逼近装着一只小白鼠的笼子。
氛围	紧张

☑ 场景 4：笼内

角色	里恩
描述	笼子内的小白鼠里恩正在呼呼大睡，完全没有察觉到任何危险，瑞恩的影子开始逼近笼内。
氛围	紧张

☑ 场景 5：实验室内景、笼内

角色	瑞恩、里恩
描述	已经贴近的瑞恩凝视着里恩，做好了捕猎的姿态，里恩依旧呼呼大睡。
氛围	紧张

场景 6：笼内

角色	瑞恩、里恩
描述	瑞恩开始出击，将早已亮出的爪子伸进笼内。但由于里恩的位置靠近内侧，瑞恩第一次没能顺利抓住里恩。
氛围	紧张、激动

场景 7：实验室内景

角色	瑞恩、里恩
描述	随后，瑞恩开始扭动身体和尾巴，继续伸长爪子想要顺利抓住里恩。
氛围	激动

场景 8：工作台

角色	瑞恩
描述	此时瑞恩晃动的尾巴无意间被酒精炉的火焰点燃。
氛围	惊悚

场景 9：笼内

角色	瑞恩、里恩
描述	随着一声尖叫，感受到灸痛的瑞恩迅速缩回即将要抓到里恩的爪子。笼内的里恩被尖叫声惊醒，打着哈欠伸展着身体呆坐了一会儿，开始向笼口处靠近。
氛围	惊悚、害怕

场景 10：笼外

角色	里恩
描述	里恩透过笼子看到了灰猫瑞恩，被眼前的景象所震惊。
氛围	无知

☑ 场景 11：实验室内景、笼外

角色	里恩、瑞恩
描述	笼子外的灰猫瑞恩尝试甩灭正在着火的尾巴，同时露出惊恐的表情。
氛围	惊恐

☑ 场景 12：实验室内景

角色	瑞恩
描述	瑞恩一边尖叫着一边甩来甩去，可是无论怎么甩火焰似乎都没有变小。
氛围	无助

☑ 场景 13：工作台

角色	瑞恩
描述	瑞恩开始拼命地在工作台上绕着圈跑。
氛围	慌乱、激动

☑ 场景 14：工作台

角色	瑞恩
描述	奔跑中的瑞恩撞倒了工作台上的实验器具。
氛围	紧张、未知

☑ 场景 15：实验室内景

角色	瑞恩
描述	被撞倒的酒精炉直接掉向了地面。
氛围	惊险

☑ 场景 16：实验室内景、地面	
道具	酒精炉
描述	摔碎的酒精炉再次点燃了地面上流出的酒精。
氛围	惊险

☑ 场景 17：笼内	
角色	里恩
描述	里恩从呆滞中清醒过来，决定做些什么，他开始环顾笼内。
氛围	希望

☑ 场景 18：笼内	
道具	水碗
描述	里恩看到了笼内的水碗，他有了主意。
氛围	希望

☑ 场景 19：笼内	
角色	里恩
描述	里恩快速跑向水碗，并尝试将它拖曳到笼口位置，但是拖曳并没有使水碗移动多少位置。
氛围	挫折

☑ 场景 20：笼内	
角色	里恩
描述	随即，里恩转而跑向水碗后方，用自己整个身体顶住水碗，用尽全身力气将它往笼口方向推进。
氛围	励志

☑ 场景 21: 笼外

角色	里恩
描述	水碗被顺利推到了笼口，随后里恩隔着笼子向瑞恩呼喊。
氛围	转机

☑ 场景 22: 实验室内景、笼外

角色	里恩、瑞恩
描述	仍在奔跑的瑞恩听到呼喊声停了下来，并看向里恩。
氛围	希望

☑ 场景 23: 笼外

角色	里恩
描述	得到呼应的里恩迅速指向水碗，并为瑞恩示意着将自己的尾巴放进了水碗中。
氛围	希望

☑ 场景 24: 实验室内景、笼外

角色	里恩、瑞恩
描述	明白了里恩的示意后，瑞恩迅速跑向笼口的水碗，并将尾巴伸向水碗中。获救的瑞恩再次看向里恩，里恩害怕地往后退了几步。
氛围	放松

☑ 场景 25: 地面

道具	水槽
描述	此时，流出的酒精流进了地面的污水槽中，点燃了水槽内的清洁剂。瞬间，火焰从连通着整个地面的污水槽中蹿起，整个工作台被蹿起的火焰包围。
氛围	惊悚

☑ 场景 26：工作台、笼外	
角色	瑞恩、里恩
描述	再次看到火焰的瑞恩本能地从笼中快速抽出了自己的尾巴，准备离开这个可怕的地方。
氛围	紧张

☑ 场景 27：工作台	
角色	瑞恩、里恩
描述	瑞恩向窗台方向快速跑去，远处笼子的里恩再次呆滞住。
氛围	未知

☑ 场景 28：窗台	
角色	瑞恩
描述	受到惊吓的瑞恩吃力地跳向了窗台，感受到一丝安全后并没有快速离开，而是坐在窗台上清理着身体。
氛围	安全

☑ 场景 29：笼内	
角色	里恩
描述	随着火焰持续在笼外蹿起，里恩感受到了炙热带来的恐惧，开始慌张地躲避着蹿起的火焰。
氛围	无助、恐惧

☑ 场景 30：笼外	
角色	里恩
描述	里恩尝试从笼内逃出，他用尽全身力气拉着金属围栏，但并不奏效。
氛围	无助、恐惧

☑ 场景 31：笼外	
角色	里恩
描述	绝望的里恩无奈地再次向瑞恩呼喊，不同的是这次呼喊是需要瑞恩的救助。
氛围	无助

☑ 场景 32：窗台	
角色	瑞恩
描述	听到呼喊的瑞恩转过头再次看向了里恩。
氛围	希望

☑ 场景 33：实验室内景	
角色	里恩
描述	此时屋内的蹿起的火焰已经高过整个工作台和笼子。
氛围	紧张

☑ 场景 34：窗台	
角色	瑞恩
描述	瑞恩看了眼实验室内的火焰，她开始惧怕火焰。然后又看向缓缓抬起的受伤的尾巴，她此刻觉得应该像里恩那样做点什么。
氛围	抉择

☑ 场景 35：窗台	
角色	瑞恩
描述	她深吸了一口气，眼神再次变得坚定，接着画面黑场。
氛围	未知

☑ 场景 36：实验室外景	
角色	瑞恩、里恩
描述	清晨，树枝随着微风轻轻摇晃，一切都恢复平静，实验室外墙那扇半开的窗户正往窗外冒着黑烟。镜头缓缓上升，实验室楼顶坐着一只灰猫，而灰猫的旁边还坐着一只小白鼠。他们正一起看着远处的太阳。
氛围	希望、温暖

5.2 《瑞恩和里恩》动画美术设计

完成剧本创作之后，接下来就要进行视觉化转换，也就是美术设定。这里需要围绕剧本的设定对角色、场景以及氛围进行合理设计。

5.2.1 角色设计

1. 瑞恩的角色设计

首先对灰猫瑞恩进行设计，在生活中寻找参照依然是最有效的方式之一。我将参照我女儿的年龄进行设定（通常猫的生命周期在 16 年左右），然后虚构一些符合角色的背景信息。她来自动物救助中心，在城市中流浪，聪明、孤僻且个性鲜明，向往自由。你还记得 4.1 节中介绍过的一些技巧吗？年龄的设定可以填充出瑞恩的体态特征，性格和背景的设定可以完善整体的细节。所以我脑海中瑞恩的样子应该是比较消瘦和修长的，有些稚嫩，孤僻中保留着一些亲和的形象。当然，你也可以对她进行其他性格和背景设定。

2. 瑞恩三视图

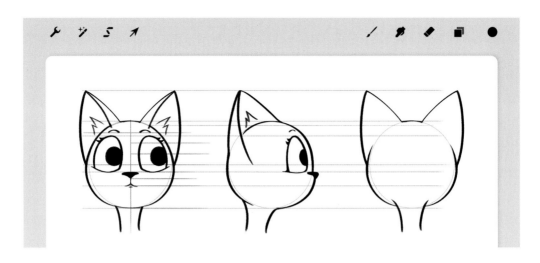

3. 里恩的角色设计

里恩参照我儿子的年龄设定，他来自一家专为实验室提供实验动物的机构。尽管里恩经历了一些特殊的环境，但他依然保持着温和、善良的性格，并且有着很强的好奇心。因为被正常喂养，所以他的体态不会消瘦，反而应该是可爱、懒散、圆润的形象。

4. 里恩三视图

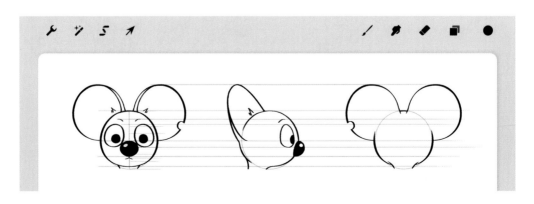

5. 角色比例

5.2.2　实验室场景和道具设计

完成角色设计之后，就要根据故事情节设计出场景元素，以及一些跟角色互动的道具。

1. 实验室外景

2. 实验室内景

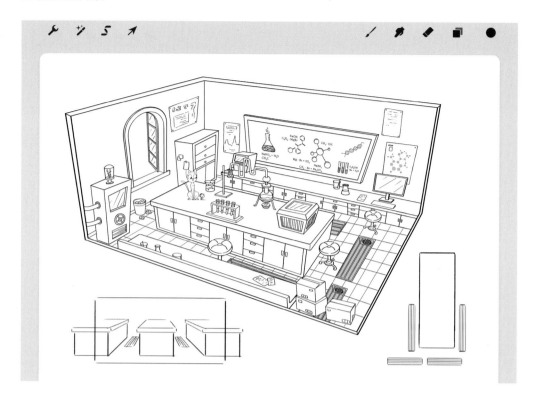

3. 道具

5.3 《瑞恩和里恩》动画故事板分镜制作

设计完角色和场景之后就要开始故事板的绘制。在开始制作故事板分镜前，我想先介绍一位好友，在此也非常感谢他能够参与到这个动画案例的创作中。他叫张水银，我在本书的前言中提到过他。他曾参与过《哪吒传奇》《小鲤鱼历险记》《美猴王》《神兵天将》《少林传奇》等著名动画作品的制作，是个有着多年二维动画经验的原画师，也是我生活中的好友。接下来我们将根据剧本绘制故事板分镜。

5.3.1 概念阶段

在创作故事板分镜概念阶段（严格来说是在剧本创作时），我和水哥（张水银）一直在考虑两个问题：如何避免出现过多的运动镜头，以及怎样使用更简单的方式完成角色的内心转变。为什么会考虑这两个问题？因为这个短片案例面对的主要是完全没有动画制作经验的新手，虽然运动镜头的加入必定可以提升整个动画的情节张力，但同样也会提升练习的难度。所以在概念阶段我们就计划取消运用大量运动镜头，并且在结尾和开头处通过对比形式来完成角色的内心转变，从而在保持整个故事的完整性的同时降低练习的难度。

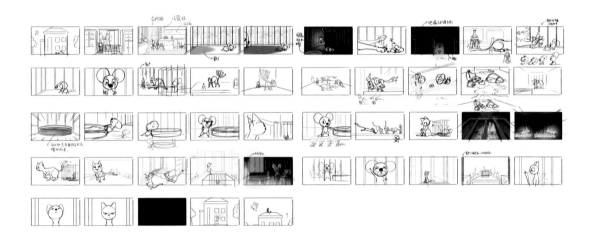

5.3.2 制作故事板分镜

确定好概念后正式开始故事板的绘制，这里我会具体描述每个镜头语言，以及如何通过道具和场景设计来推进故事情节的发展。

- SC-01：从上至下运镜来介绍实验室外景的环境，接着瑞恩从镜头外跳进实验室外的草地上，并通过垃圾桶跳上一个闪着微光的窗台。

- SC-02：切换到实验室内景，处在月光下的瑞恩本该出现剪影，这里通过实验室内酒精炉发出的微光来照亮瑞恩的部分细节。再通过她左右扫视这个环境并最终锁定实验台上呼呼大睡的里恩来指引情节的发展。然后瑞恩后蹲蓄力，接着起跳。

- SC-03：切到实验台的侧面视角，完成跳跃动作。这种动作转场可以表明角色进入到了新的环境中，侧面视角也能更好地展现出实验室更多的内部环境。然后瑞恩小心地绕过台上的实验器皿，匍匐逼近笼子。

- SC-04：切换到笼内视角，使用背后月光带给瑞恩的长影逐步接触呼呼大睡的里恩，然后完全遮住里恩。这种表现方式可以营造出紧张氛围，同时表明瑞恩想要将里恩作为食物的事实。

● SC-05：切换到瑞恩的正面
视角，用凝视的视角来增强瑞恩
的决心，并再次渲染紧张氛围。
在道具的设计上同样放置了信
息，笼外酒精炉的火焰和笼内露
出的水碗中的水形成了反差，进
一步强化了瑞恩和里恩的角色
关系，并且两件道具都在此时为
后续剧情的转折埋下了伏笔。

● SC-06：再次切换到笼内视
角，瑞恩亮出的爪子开始伸进笼
子，继续渲染紧张氛围。但由于
里恩靠近笼里面的位置，瑞恩并
没有顺利抓住他。这里的受阻为
接下来的意外做出铺垫。

● SC-07：切换到俯视视角，
瑞恩不断扭动着身体尝试抓住
里恩。（我们之前说过，俯视
视角可以放大场景中角色的情
绪。）受阻的瑞恩逐渐变得激动，
这也为接下来的意外发生做足
了铺垫。

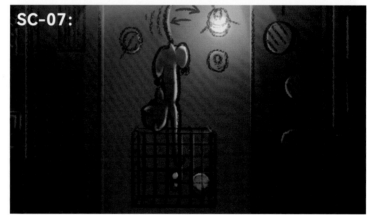

● SC-08：切换到侧面视角，
意外出现了，随着瑞恩不断地扭
动，尾巴被酒精炉点燃。（其实
尾巴被烧着时意外就已经发生，
但我并没有让瑞恩迅速做出反
应。）

● SC-09：继续切换到笼内视角，这里继续表现瑞恩仍然处在专注中，直到尾巴上的火焰产生了炙痛感。面对突如其来的疼痛，瑞恩发出了惨叫声并快速缩回了爪子。

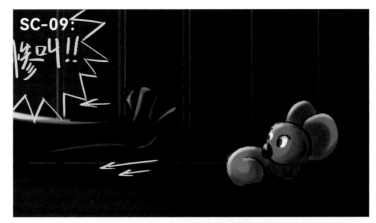

● SC-10：还是笼内视角，对意外适当延迟，通过惨叫声惊醒正在睡梦中的里恩。被惊醒的里恩并不知道发生了什么，伸着懒腰并坐起身子，然后踱步靠近笼口位置。（为何让里恩处在睡梦中呢？因为我们需要里恩对瑞恩的恶意并不知情，否则他便失去了去救瑞恩的动机。）

● SC-11：切换到笼口的视角，选择以特写镜头表现出里恩逐渐惊恐的表情变化。

● SC-12：切换到实验台后方的视角，运用中景镜头再次将瑞恩、里恩、酒精炉放置在画面中，换成里恩去注视瑞恩，表现出他们的关系处境正在发生着变化。

- SC-13～16：使用多个不同的视角来表现瑞恩正在试图摆脱尾巴上的火，并开始绕着实验台奔跑，直到撞翻了酒精炉。

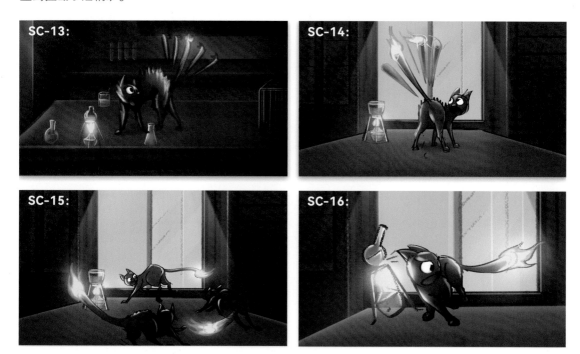

- SC-17：切换到俯拍视角。还记得俯拍视角的镜头语言么吗？没错，使用俯拍视角可以通过透视来放大掉下的酒精炉的体积。

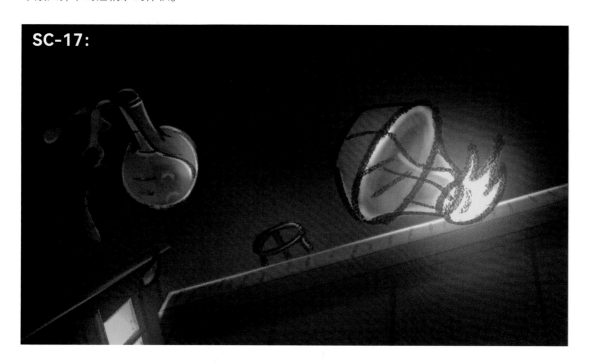

● SC-18：切换到地面视角，
使用大特写镜头继续聚焦摔碎
的酒精炉引燃的地面。大特写
镜头使原本面积不大的火焰充
满整个画面，能够使观众感受
到即将发生的意外。

● SC-19：切换到笼内后方视
角。此时地面的火焰发出的光
亮照亮了笼内的一侧，这打断
了正在注视的里恩。里恩开始
在笼内左右观察。这里水碗道
具和一侧的火光，再结合里恩
的肢体动作，都在强调着他将
要做些什么。

● SC-20：笼内水碗的特写镜头，没错，这里使用的就是变焦构图。变焦构图强调了水碗的重要性
以及里恩想到了方法。

- SC-21 ~ 22：笼内不同视角，里恩尝试将水碗移动到笼口位置，他拖着水碗移动，但并不是很有效，于是尝试更换方式——推动水碗。较难移动的水碗增强了戏剧性，并强调出了里恩的决心。

- SC-23：笼口视角，终于将水碗推到笼口的里恩，隔着笼子向瑞恩发出呼喊。画面中阻隔他们的围栏也寓意着他们之间的关系仍然存在隔阂，而一方正在打破隔阂。

- SC-24：实验室内景视角，惊恐的瑞恩听到了呼唤并看向笼内的里恩。这里的差异构图也是具有戏剧性的表现，前景庞大的瑞恩对比右侧弱小的里恩，两者却有着完全相反的处境。

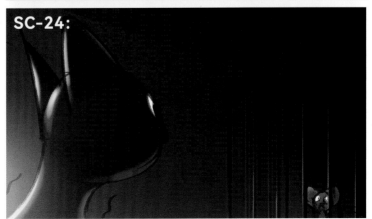

- SC-25：继续切回笼口视角，收到回应后的里恩努力指着水碗，并将自己的尾巴放进水碗中，以示意他所想到的方法。画面中依旧有阻隔的围栏。

- SC-26：切换到实验台侧面视角，明白示意的瑞恩快速跑向水碗并将尾巴放进笼内。

- SC-27：切换到实验台侧面特写视角，瑞恩顺利将尾巴放进了水碗中，危机解除了。此时的里恩本能地向后移动了一步，但通过他们第一次相互注视来表明角色的内心正在发生转变。

● SC-28：切换到地面视角。一次相互注视并不能使角色的内心完成最终的转变，所以这里设计让洒落在地面被点燃的酒精流向污水槽中，再次点燃了污水槽中易燃的清洗剂。

● SC-29：切换至俯视视角，继续将危机升级。由于地面的污水槽是相互连通的，瞬间四个污水槽再次蹿起火焰。这里通过俯视视角将实验台上原本有围栏阻挡的里恩和瑞恩，通过视觉欺骗的方式都"困"在了笼中，相同的处境迫使角色的内心继续转变。

● SC-30：切换至实验台侧面视角。此时如果瑞恩帮助里恩打开笼子并顺利逃离实验室，那么情节发展会变得很无趣，并且有些脱离真实的情境。所以，对火焰产生的应激反应，迫使瑞恩本能地开始逃离。

● SC-31：切换至实验台正面
视角，再次通过差异构图来表现
角色的处境变化。

● SC-32～33：切换至窗台
视角，瑞恩狼狈地跳上了窗台，
开始清理尾巴和身体。

● SC-34：切换至笼外后方视
角，两侧的火焰越来越大，里恩
开始左右躲闪。这里被蹿起的火
焰包围的水碗，也表达着这个方
法已经无法应对目前的危机。

● SC-35: 切换至笼口视角，里恩尝试逃出铁笼中，同时也是在努力打破这层隔阂。

● SC-36: 切换至笼口特写视角，里恩再次发出了呼唤，但这次呼唤是充满着无助的求救。背后不断蹿起的火焰强化着这种无助。

● SC-37: 再次听到呼唤的瑞恩看向了里恩，已经脱离了危险的她完全可以离开，但她坐在十几分钟前刚来到这里的那个窗台上，却有着完全不同的心境，所以她此时内心是矛盾的。

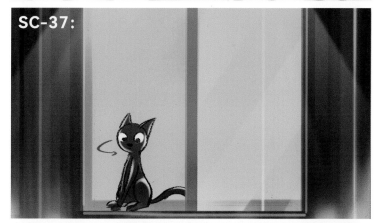

● SC-38: 为了使观众理解这种矛盾，我们使用了瑞恩的第一视角（第一视角可以使观众进入到角色所处的情境中）。面对被火海包围的里恩，观众会思索瑞恩会做出怎样的选择。

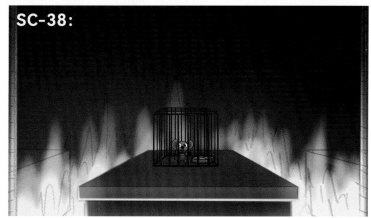

● SC-39：切换到窗台的特写
视角，瑞恩看了一眼火焰，然后
又看向缓缓抬起的烧伤的尾巴，
内心纠结是否该去救助困境中
的里恩。这个场景再次强化了角
色内心的矛盾心境。

● SC-40 ～ 41：切换到窗台
的大特写视角，瑞恩深呼吸后露
出了坚定的表情。此时角色的内
心已经完成转变。

● SC-42：切换至黑场，留出
悬念。

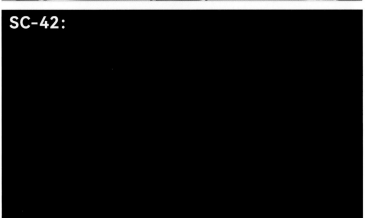

● SC-43：清晨的实验室外的中景视角，从窗口可以看出实验室已经被大火笼罩，为结尾留下了一个短暂的悬念。观众也许会问：瑞恩有没有去救里恩？里恩是否已经被大火所吞噬？

● SC-44：承接开头，将镜头缓缓向上推动，从窗口来到了动画最开始的实验室屋顶。屋顶上灰猫正在清理身体，而从灰猫的前面缓缓走出了一只小白鼠。清晨的阳光照向他们。

　　到此，整个动画短片就结束了。虽然是短片，但使用了开放式结尾，很好地拉伸了情节，给观众留下了一定的想象空间。通过在结尾处使用与开头一样的视角和场景，能使观众感受到故事的连贯性，以及角色在同样场景中的变化和成长。还通过将光线环境从黑暗转变成光明，寓意着角色的内心已经完成了转变，一切正在向好的方向继续发展。

5.4 《瑞恩和里恩》Procreate Dreams 制作解析

现在你已经有了这个故事的角色形象、场景氛围、配色风格、故事板分镜头，现在可以打开你的 Procreate Dreams，尝试来完成这个动画短片的练习。当然，我会将故事板中每个最终的静态场景图、关键帧动作以电子素材的形式（包含镜头场景图、关键帧动作、音乐音效）随书附赠给你进行练习。

5.4.1 素材使用流程

首先在附赠的电子素材中找到对应的场景静态图，并将其导入 Procreate Dreams 中，然后将其调整到合适位置①。接着在上方新建轨道，参考我给的角色关键帧动作进行逐帧动画部分的创作②。完成逐帧动画后，在素材中找到对应分镜头的音效，导入并调整到合适的位置③，这样一个镜头的动画就制作完成了。最后，以同样的流程进行下一个镜头的制作，直到完成整个动画短片。

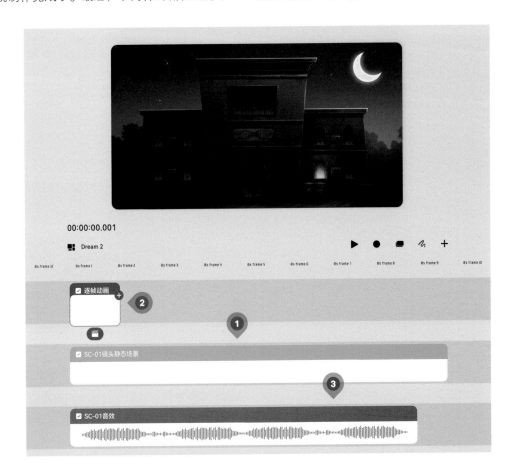

二维动画中的静态元素和动态元素需要分开制作。这就是 Procreate Dreams 中逐帧动画练习的基本结构。

5.4.2 SC-01 动画制作解析

本小节我会通过一个分镜头的动画制作进行示范，以辅助你更好地完成这个动画短片。在开始制作动画之前，我们需要了解故事板中的具体设定。例如，SC-01 中就存在一个位移镜头，所以需要对静态场景图设置关键帧动画。

① 首先新建一个 4K 宽屏尺寸的影片，帧速率选择 10 帧 / 秒，时长为 3 分钟左右（可根据实际情况进行调整）。然后导入 SC-01 镜头静态场景的素材①，并调整大小至图示位置。接着在场景开始位置，轻点播放指针，再轻点"移动"按钮，对场景设置"移动与缩放"关键帧②。拖动指针至 3 秒左右的位置（这里的时长我们可以根据整体节奏进行调整），紧接着对场景进行位移③。这样就完成了开场的位移镜头。（别忘了为关键帧动画设置缓入和缓出效果。）

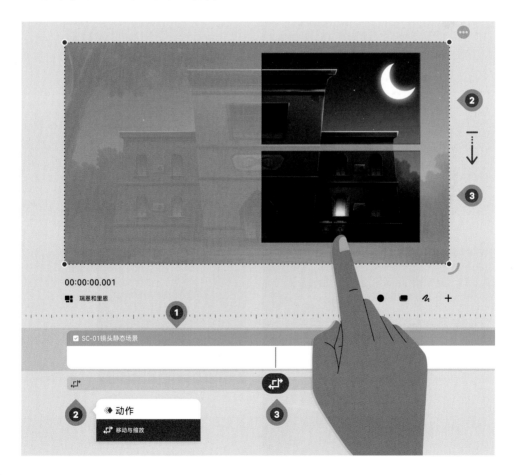

② 在我们开始制作逐帧动画前，熟悉下一些必要的操作。在场景轨道上方新建一个逐帧动画轨道④，然后通过不断双击轨道进入单帧界面⑤。

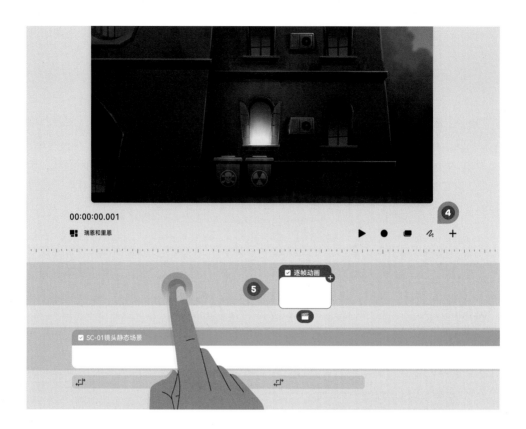

00:00:00.001

瑞恩和里恩

☑ 逐帧动画

☑ SC-01镜头静态场景

③ 选择笔刷，这里可以选择我常用的笔刷⑥。

④ 选中轨道上的单帧，轻点左上角的图层按钮进行图层组设置⑦。这里需要将勾线的线稿和上色部分进行分割，这样有助于你后续的修改优化。当然，你也可以在完成全部动作线稿后再对应每帧进行图层管理。

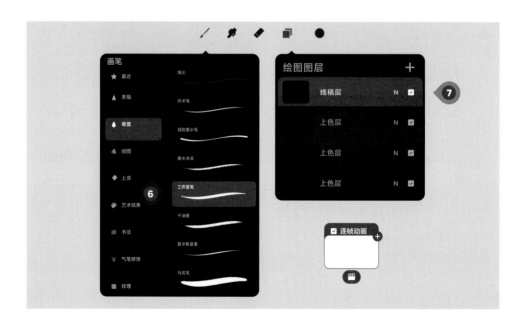

画笔

★ 最近
▲ 素描
● 着墨
✎ 绘图
✦ 上漆
⑥
✿ 艺术效果
ᴧ 书法
∀ 气笔修饰
▨ 纹理

细尖
技术笔
凝胶墨水笔
墨水渗流
工作室笔
干油墨
葛辛斯基墨
马克笔

绘图图层　＋

线稿层　　N ☑ ⑦
上色层　　N ☑
上色层　　N ☑
上色层　　N ☑

☑ 逐帧动画

5 完成所有设置后，开始根据素材中的动态参考绘制出角色的关键帧⑦，并结合 2.1 章节所学习的逐帧技巧，根据关键帧补齐中间帧⑧，别忘了打开洋葱皮。

6 为每个分镜头绘制动画部分，直到完成这个短片的练习。

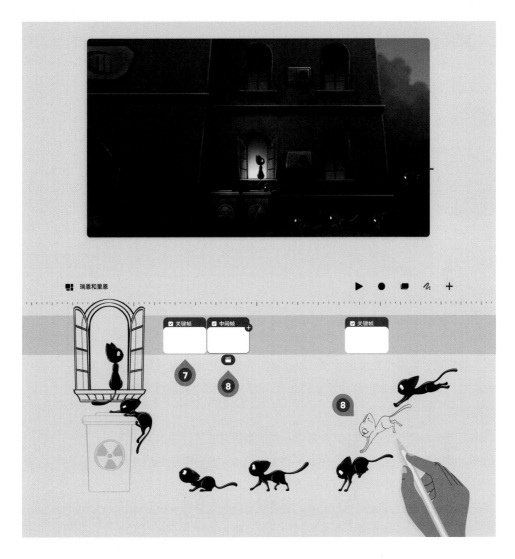

　　在开始逐帧创作之前，记得仔细观察每个场景图，结合构图原理确保角色的比例、透视、姿态、表情和细节等都符合设定的情感和氛围。当然，如果你有足够的信心，也可以重新设计这个故事中的角色形象、动作姿态以及表演路径。

　　到这里整个动画之旅就来到了终点。如果按照我设定的短片时长来计算，3 分钟就是 180 秒，10 帧 / 秒就是 2000 帧左右。这不是一个短时间内可以完成的练习，也许需要几个月甚至更长的时间。但我确信这个练习可以让你更好地感受二维动画的价值和魅力，并且可以提升你对待这项艺术的热情，挖掘你的潜力。不论你是专业的动画师还是初学者，请相信自己的才华和潜力。技巧可以学习，经验可以积累，唯独热爱与生俱来。愿本书能够在你的动画之路上留下些许印记。

第 6 章

刻意练习：唤醒你的
想象力

最后，我想跟你聊聊想象力这件事。可以确定的是，想象力是一切创造性成果的基础。尽管我们生来就具备想象的能力，但为了更好地发挥想象力，我们仍然需要通过练习来进行提升。

我们对这个世界的主要感知方式是通过视觉（通过眼睛将外界的光线转化成电信号，再由视神经传递到大脑形成画面），因此，我们所认知的世界都是基于我们看到的真实存在的事物所构建而成的。然而，想象力需要我们在真实存在的基础上进行二次衍生和发展，或者完全脱离现实去创造。通过超越眼前所见，我们可以构想出未曾存在过的想法、形象和场景，从而建构一个截然不同的世界。我们可以通过想象力探索未知的领域，突破传统的思维模式，甚至创造出美妙的艺术作品和科学奇迹。

本章将分享几种我平时激发想象力的方式。

6.1 超越视觉的练习

在这个世界上，有一群人特别善于使用想象力。相较于我们通过视觉认知世界，他们则完全使用着不同的方式，这群可爱的人就是盲人。由于视觉的缺失，他们需要通过触觉、听觉、嗅觉和其他感觉来展开对这个世界的构建。也正因如此，他们除了视觉之外的其他感官都异常发达。这种构建内在世界的方式完全基于视觉之外的感官去想象。当然，由于生理偏差，我们也无法在短时间内使其他感官像盲人那般敏锐。因此，这里的练习并不是要求你一定要闭上双眼，通过其他感官去感知世界，而是要睁开眼睛去寻找那些视觉之外的事物。接下来，我将通过一个场景来向你展示如何进行视觉之外的想象力练习。

6.1.1 我看见了什么

现在我就站在市中心一座大厦内的落地窗前，跟身旁一众陌生人一同观赏着街景。

半开的玻璃窗不时地有微风拂面，街道上熙熙攘攘的路人穿梭于斑马线上，有端着咖啡夹着笔记本的男人，也有背着双肩包戴着耳机的青年，还有打着电话推着儿童推车的女人。各式各样的鸣笛声穿梭而过，大厦斜对面的商场门头上，一个足有十米高的方形 LED 屏上正在播放着某个产品的音乐广告。以上就是我每天都会看见的再正常不过的场景。

6.1.2 我没有看见什么

我还是站在大厦内的落地窗前，接下来开始练习，想象那些我没有看见的事物。

我没有看见城市中心蔚蓝色的天空骤变，一团巨大的深灰色螺旋状乌云赶走了晴朗的天气，天空瞬时变得灰暗起来。狂风不断，男人们的领带和女人们的裙子被风不断吹起，但并没有暴雨来临，这显然不是自然天气的变换。街道上的车流因为斑马线上整理衣着而驻足的人群而拥堵了起来，鸣笛声不断。就在这时，螺旋状乌云中缓缓飞出一个有半座街道大的三角形物体，巨大的体型让灰暗的城市又暗淡了几分。此时车流瞬间安静下来，方形的 LED 屏也失去了信号，只剩下一条条灰白色的电流线波动着，所有人的目光开始注视天空，就连车流中都不断有下车的司机惊讶地抬头观望，推着儿童推车的女人挂断了电话，转而点开了相机对着巨大的三角形物体拍摄，人群中也有不少人拿出手机准备记录下这从未见过的景象，大厦的落地窗内也同样举满了手机。几分钟过后，悬浮在上空的三角形物体周围伸出了五根圆柱形的触角，并且对准了街道，随后其中一根触角发出了一道刺眼的射线。这道射线刚好打中了道路一侧的报亭，被打中的报亭消失得无影无踪，接着第二道射线、第三道射线冲向了街道，随后五根触角同时发射，开始无差别地攻击街道和人群，被打中的人当场消失得无影无踪。街道上人群四处逃窜，尖叫声四起，一个男人扔掉手中的咖啡冲向了车流，用力将一个刚躲进汽车还未来得及关门的司机拖了出来，自己快速钻进了驾驶位并锁上了车门，然而下一秒便随着汽车消失得无影无踪。

趴在我身旁的人们从好奇到慌张只用了短短几秒，他们中大部分人慌张地跑开，少数人打起了电话，此时我的视线从三角形物体上转移到了一位被撞倒在地的女人，正是那位推儿童车的女人。此时她的儿童推车已经被惊慌的人群撞进了车流中，最后被一辆停着的褐色轿车拦住。

射线不停地击中汽车和路人，人群中坐在地上的女人歇斯底里地大喊求助，射线毫无意外地击中了那辆褐色轿车，似乎下一秒就会射向儿童推车，这时一位青年摘下了耳机冲向了推车。在奔跑中，不断躲避着因被击中而消失的人。就在射线对准推车射下的瞬间，青年完成了他这辈子最远的一次起跳，伸长的右手拉住了推车把手，最终推车安全地躲开了本该射中它的射线。在将婴儿抱起的那一刻，这位青年看着一岁不到的女婴吸着奶嘴对他微笑，他心里肯定在想，整个街道中也就只有她能够从容地无视今天所发生的这一切……

这是我在落地窗前没有看见的，我将我所看见的事物进行了视觉阻断，然后尝试进行有趣的发散想象，再将每一个发散想象合理地进行了链接，就有了这段视觉之外的情境。接下来你不妨试试看，试着找一个安全的位置，然后注视眼前的事物，尝试跳到视觉之外，想象出那个你没有看见的世界。

6.2　记录梦境的练习

除了视觉之外的想象练习，还可以通过梦境来练习想象力。我们几乎每天都会进入各种梦境中，有快乐的、可怕的、奇怪的等不同类型的梦境。对于梦境本身，我总是玄学地认为，我们的身体和意识并没有生活在同一个世界，我们会在梦境中绕过自己的身体来到更高维的世界，那里或许是生命最开始的地方。我认为梦境就是我们高维度的自己所生活的片段，这些不存在于现实世界中的片段便是想象力的另一种表现。所以我习惯将每天的梦境以写日记的形式记录下来。

下面我挑选一个印象比较深刻的梦境，并将这个梦境通过衍生想象的方式记录下来。

6.2.1　真实梦境

2023 年 5 月 29 日梦境细节：一个天空明亮的傍晚，我置身于城市街道附近的一个人行道上，看到了主路一侧接壤着一条小道，小道尽头是一座有着半圆形旋转石梯的红砖建筑，建筑的顶部有个大平台，上面人群熙熙攘攘。大平台上的一排房屋内的灯光透亮，其中一扇开着的门内，一只白色老虎撕咬着一个人，但围观者并不害怕。此时恐惧驱使我离开此处，然而我发现一旁有个穿着卫衣的女生，她长着一张修长的狗脸，且毫无恶意。随后她从口袋中掏出了一面镜子递给了我。接着我便醒了过来。梦境总是没有开端，但梦境中的我们却从不为此困扰。

6.2.2　记录梦境

我尝试将梦境中这些零碎的细节以及感知的氛围加上一些想象记录下来。

这是一个即将入夏的傍晚，就像下午六点多钟的天空依旧特别明亮：我站在立交桥下的人行道旁，看到了主路上来往的车辆和人行道上跟我擦肩而过的路人。

从主路人行道向内延伸，有个宽敞的小道，小道的左右两边都竖着一排大小不一的鹅卵石，中间铺着淡黄色浇筑成形的砂石。小道不远处的尽头是个旋转向上的石梯，连着一个圆柱形的建筑，但是旋转的石梯绕过一圈并不能到达这个建筑的顶部。建筑是用早期的红砖堆砌而成的，砖块上有着经过雕刻的纹路，有很多植物的藤蔓从砖块的缝隙中生长而出。从远处看去，这个建筑和周围的环境格格不入，很像是遗留下来的历史遗址。

这个圆形建筑的顶部是个比较大的平台，平台上面有很多人，有散步的情侣，有牵着狗的老人，我跟随着路人一并闲逛着。

平台的内侧建有一排房屋，看上去有四五间。房屋的外围有一排刷过白色油漆的栏杆，这排栏杆中间位置还留了两人身的入口，栏杆的两侧向平台边缘延伸出了几格，有些人就靠在边缘的栏杆上看着远处的夜色。这排房屋里透着明亮的灯光，但是因为窗户上装有磨砂玻璃，所以看不清房屋的内部结构。只见有一群人就围在房屋的门口，似乎在等待着什么。

天空逐渐暗了下来，这个时候我发现在我斜对面有个中年人一直看我。他的上身赤裸着，身边蹲着一条狗。这条狗的耳朵和鼻子都很长，同样也在看我。接着这条狗起身走向我，我能感觉到有些恶意便试图躲着往右后侧走去，好在它跟着我走了一会儿便停下了。我躲让着绕到了平台的右侧，发现原来这里还有条小道形式的出口。这个出口刚好平行于圆形建筑，跟入口同一个绕转方向往后衍生，路径刚好绕过内侧的那排房屋，然后包围着往入口方向左侧衍生。

这个时候突然有间房屋开了门，人群涌向门口。如果我还站在最初的位置，我肯定能够看清房屋那边发生了什么，但现在我只能挪动着脚步试图从人群的缝隙中看向房屋。

过了一会儿，我身边的人开始慌乱地走动，有些人往入口的方向走动，有些往出口的小道走动。我不清楚发生了什么，直到人群的缝隙足够让我看清房屋那边的情况，于是我也慌乱起来。因为我看到了一只白色的老虎，就站在那个开口的围栏内侧撕咬着一个人。它的身上有着彩色的花纹，应该是用会发光的染剂涂上的奇怪符号。但是很奇怪的是，它的跟前依然围着一群人，这群人甚至没有任何想要散去的动作，他们低着头看着被撕咬的那个人，没有任何表情。

我跟着慌乱的人群往小道出口方向快步走去，打算绕过房屋从另一侧离开这个地方。房屋的后面是大片树林，暗光下看不清森林内部。我从出口的小道绕过整个房屋，就开始从入口处的小道下坡，往城市方向走去，前面仍然有些人准备去往平台。

这个时候，我注意到身旁有个同行的女生，暗光下我很难看清她的脸庞，但是从脸部的轮廓可以看出她长得很奇怪。我继续往前走着，没有太在意，逐渐走向城市的主路，因为主路上有很多路灯，周围光线也逐渐明亮。我通过余光看了下那个女生，仍然在我附近走着，我慢慢转头看向那个女生，她也转过头看向了我。

这是个长着狗脸的女生，我有些熟悉这张脸，这正是刚才蹲在中年男人身旁的那只狗，不过现在我并没有感到恶意。我和她都停下了脚步，她穿着一件米黄色的卫衣，卫衣上有个和老虎身上一样的符号，但是没有发光。她戴着卫衣上的帽子，两只手插在卫衣的口袋里。接着，她的左手从口袋中拿出一面圆形的镜子递给了我，我看向了镜子里的自己。

镜子里的我也长着一张狗脸。

……

不论是什么样的梦境，只要醒来我还记得，就都会尝试将它以这种方式记录下来。我认为梦境是造物主对于人类的额外馈赠，我们可以通过梦境拓展人生的宽度，也可以将其作为提升想象力的一种方式。记录梦境还可以在艺术创作时提供一些素材参考。虽然有些梦境并不完整且情节跳跃，但当我们拿起笔准备将它记录下来时，不仅仅会回忆当时的细节，还会多加想象地将它们修补完整。这也是通过梦境去激发想象力的一种练习。

6.3　永远不要停止想象

我深信每个人都拥有丰富的想象能力，尽管现实生活中的规则、信息和观念可能会将我们固定在一个趋于统一的视角中。唯有想象力可以帮助我们跳脱出这种固定视角，并让我们超越现实，产生全新的视角。无论是动画创作还是其他创意工作，都离不开想象力的指引。它激发了我们创造的动力，推动我们朝着新的可能性和希望迈进。因此，请你永远不要停止想象。